Anima Shrestha

Sustentabilidade florestal através da gestão participativa das florestas

Anima Shrestha

Sustentabilidade florestal através da gestão participativa das florestas

Um caso de Chainpur VDC, Chitwan Nepal

ScienciaScripts

Imprint

Cover image: www.ingimage.com

This book is a translation from the original published under ISBN 978-620-2-05058-6.

Publisher:
Sciencia Scripts
is a trademark of
Dodo Books Indian Ocean Ltd. and OmniScriptum S.R.L publishing group

120 High Road, East Finchley, London, N2 9ED, United Kingdom
Str. Armeneasca 28/1, office 1, Chisinau MD-2012, Republic of Moldova, Europe
Printed at: see last page
ISBN: 978-620-8-24340-1

Índice

AGRADECIMENTOS

Dr. Suman Suvedi Bhattarai, pela sua orientação e conselhos contínuos ao longo do estudo de campo e da preparação desta tese. Gostaria também de agradecer ao Sr. Prakash Chandra Aryal pelo seu apoio e encorajamento durante a preparação da tese. Devo a minha sincera gratidão ao Prof. Dr. Bhadra Pokharel, Diretor do Goldengate International College (GGIC) e ao Dr. Man Kumar Dhamala, Coordenador do Mestrado em Ciências Ambientais, pelo seu incentivo e sugestões. Gostaria também de agradecer a todos os membros do corpo docente do GGIC. Os seus comentários construtivos, ajuda incansável, orientação e sugestões práticas inspiraram-me a realizar este trabalho com êxito.

Expresso a minha gratidão ao programa Hariyo Ban (WWF) pelo seu apoio financeiro e encorajamento sincero para a preparação desta tese. Gostaria de expressar os meus agradecimentos cordiais ao Gabinete Florestal do Distrito de Chitwan e ao Gabinete do Comité de Desenvolvimento do Distrito de Chitwan por fornecerem os dados necessários relacionados com o meu estudo. Gostaria de agradecer ao Sr. Kiran Tamang e à sua família pela sua ajuda e calorosa hospitalidade durante a visita de campo. Os meus agradecimentos especiais vão para o Sr. Ramhari Neupane, vice-presidente da KCF, pelo seu apoio e ajuda durante a visita de campo. Agradeço também ao Sr. Udhav Thapa e ao Sr. Hari Adhikari pela sua ajuda durante o inquérito no terreno. Estou igualmente grato a todos os inquiridos do Chainpur VDC pelo seu apoio positivo durante o inquérito aos agregados familiares.

Gostaria também de agradecer aos meus amigos Pinky Giri, Rashmi Timilsina e Niranjan Pudasaini pela sua excelente companhia durante as visitas de campo e a preparação do relatório. Expresso também a minha gratidão a todos os meus amigos que deram sugestões e apoio durante a investigação desta dissertação.

Por último, mas não menos importante, estendo a minha eterna gratidão aos membros da minha família que sempre estiveram presentes para me inspirar e encorajar a construir a minha carreira educativa.

Anima Shrestha

RESUMO

A silvicultura comunitária (FC) no Nepal tem sido considerada como um dos programas mais bem sucedidos para melhorar a vegetação de sítios degradados, a conservação da biodiversidade e a melhoria do ambiente, formando instituições a nível local. No entanto, existe uma grande lacuna quanto ao grau de contribuição da FC para a melhoria da biodiversidade e dos meios de subsistência dos membros dos grupos de utilizadores das florestas comunitárias. O estudo foi realizado para determinar a diversidade das espécies arbóreas e a melhoria dos meios de subsistência através da gestão florestal comunitária na floresta comunitária de Kankali (KCF) do Comité de Desenvolvimento da Aldeia de Chainpur (VDC), ala número 1-9, distrito de Chitwan. Foram recolhidas informações primárias e secundárias através da avaliação de parcelas de amostragem e da avaliação rural participativa (PRA). Foi aplicada uma abordagem de amostragem aleatória para a recolha de dados sobre a vegetação, tendo sido estabelecidas 90 parcelas circulares de 400 m^2 com uma intensidade de amostragem de 0,5%. Para a recolha de informações socioeconómicas, foram também utilizados inquéritos por questionário semi-estruturado, entrevistas a informadores-chave, discussões em grupos de discussão e técnicas de observação no terreno. O inquérito ecológico revelou um total de 19 famílias, 30 géneros e 33 espécies de árvores e a distribuição de classes de tamanho em forma de J invertido indicou que a floresta é jovem e está em regeneração. O inquérito social revelou que as comunidades têm fontes de rendimento diversificadas. O programa foi bem sucedido no fornecimento regular de lenha, forragem, erva e madeira e foram também realizadas actividades de desenvolvimento comunitário, como a promoção da vegetação e oportunidades de geração de rendimentos e emprego. Além disso, a relação entre a utilização dos recursos e o número de árvores foi positiva, mas não significativa ($p>0,05$), o que mostrou que as práticas de utilização dos recursos seguem uma gestão sustentável. No entanto, o aumento da densidade de plântulas, rebentos e árvores de sal pode conduzir a uma floresta dominada por uma única espécie e pode ameaçar as espécies de baixo valor madeireiro. Por conseguinte, deve ser realizado um programa de sensibilização sobre a conservação da biodiversidade e a sua importância para o desenvolvimento e a gestão das florestas comunitárias, a fim de manter a biodiversidade e os meios de subsistência baseados na floresta.

Palavras-chave: Programa de Silvicultura Comunitária, Avaliação Rural Participativa e meios de subsistência

ABREVIATURAS, ACRÓNIMOS E SÍMBOLOS

%	Percentage
^{0}C	Degree Celsius
CF	Community Forest
CFUG	Community Forest User Group
CGUFs	Community Forest User Groups
CFUC	Community Forest User Group Committee
Cm	Centimeter
CNP	Chitwan National Park
DFO	District Forest Office
DoF	Department of Forest
FGD	Focus Group Discussion
ha.	Hectare
HHs	Households
Ind/ha	Individual per hectare
Kg	Kilogram
KIS	Key Informant Survey
m^2	Meter square
Mm	Millimeter

masl	Meter above sea level
No./ha	Number per hectare
NTFPs	Non Timber Forest Products
PFM	Participatory Forest Management
PL	Private Land
t/ha	Ton per hectare
Trees/ ha	Trees per hectare
VDC	Village Development Committee
Yrs	Year

CAPÍTULO 1

INTRODUÇÃO

1.1 Antecedentes

As florestas são importantes recursos naturais renováveis que oferecem diversos conjuntos de habitats para plantas e animais e proporcionam sustentabilidade económica, social e ambiental. A biodiversidade de qualquer floresta depende de vários processos históricos que se desenvolveram após interações complexas entre forças físicas, biológicas e sociais ao longo do tempo (CBS, 2001). As perdas de biodiversidade devidas às actividades humanas ocorrem em todo o mundo e são mais graves nos países em desenvolvimento (Krauss *et al.*, 2010). A variedade biológica que prospera num ecossistema saudável tornou-se o foco de intensa preocupação internacional e também a nível local. Por isso, em 1978, a declaração de Jacarta do oitavo congresso florestal mundial projectou a relação entre a floresta e as comunidades rurais e destacou o papel da silvicultura no desenvolvimento socioeconómico e a necessidade de uma ação urgente para salvaguardar os recursos florestais mundiais (FAO, 1978). Nas últimas décadas, o sistema de gestão florestal comunitária tornou-se popular, sobretudo nos países em desenvolvimento.

1.1.1 Evolução da floresta comunitária no Nepal

As florestas ocupam um lugar central nas práticas locais de subsistência no país (Ojha *et al.*, 2008). A floresta fornece vários tipos de produtos florestais para diferentes utilizações, como madeira e postes para a construção de edifícios, ferramentas agrícolas e abrigos para o gado; madeira para combustível para energia; forragem, erva e folhagem para a criação de gado e outros produtos florestais não lenhosos (PFNM) para a geração de rendimento e emprego. Da superfície total do Nepal (14,72 milhões de hectares), a floresta cobre cerca de 4,27 milhões de hectares (29%) e os arbustos cobrem 1,56 milhões de hectares (10,6%); tanto a floresta como os arbustos cobrem em conjunto 39,6% da superfície total (Singh, 2002).

Segundo o Department of Forest Resources and Survey (1999), a área florestal diminuiu a uma taxa anual de 1,7% entre 1978/79 e 1994, ao passo que a área florestal e arbustiva em conjunto diminuiu a uma taxa anual de 0,5%. Algumas das razões para a perda de biodiversidade são descritas como baixos níveis de sensibilização e participação do público, pressões populacionais e pobreza, fracas capacidades institucionais, administrativas de planeamento e gestão, gestão de dados e informação e falta de políticas ou estratégias para a conservação da biodiversidade (HMG/N, 2002). Consequentemente, para reduzir a taxa alarmante de deterioração e degradação das florestas, o conceito de silvicultura comunitária teve início com a aprovação do Plano Nacional de Silvicultura (1976), que visava a participação das pessoas na proteção e no desenvolvimento da floresta.

1.1.2 Floresta comunitária no Nepal

O Nepal desenvolveu um bom exemplo de programa de silvicultura comunitária segundo as normas mundiais, com mais de três décadas de experiência (GoN, 1995). A Lei sobre as Florestas (1993) e o Regulamento sobre as Florestas (1995) forneceram a base jurídica para a aplicação da silvicultura comunitária e reconhecem os Grupos de Utilizadores Florestais Comunitários (GUFC) como organismos empresariais autónomos para a gestão e utilização das florestas comunitárias. Os GUFC incluem os agregados familiares que utilizam uma determinada parcela de floresta para satisfazer as suas necessidades básicas de produtos florestais. Até à data, um total de 1 652 654 ha de floresta é gerido por 17 685 CFUG, envolvendo 2 177 858 agregados familiares no Nepal (DoF, 2014).

1.1.3 Programa de Silvicultura Comunitária na Conservação da Biodiversidade

O FC contribuiu para a conservação da biodiversidade e para a manutenção de uma boa estrutura florestal e das condições ambientais. A biodiversidade de qualquer floresta depende da boa distribuição das classes etárias, da presença de várias espécies de árvores e da distribuição correta dessas espécies no povoamento florestal (HMGN/MFSC, 2002). Uma maior riqueza e diversidade de espécies pode fazer com que os ecossistemas funcionem de forma mais eficiente e produtiva, disponibilizando mais recursos para outras espécies no ecossistema. Diferentes factores, como os objectivos da gestão florestal, as práticas silvícolas (limpeza, desramação, desbaste, corte seletivo, separação), o estado dos recursos florestais, a diversidade de espécies, a natureza e os tipos de espécies e as actividades frequentes de monitorização e avaliação também determinam a eficácia da conservação da biodiversidade na floresta comunitária (Sagar *et al.*, 2003).

A prevalência da pobreza é mais elevada nas comunidades que vivem junto a zonas-chave de biodiversidade. Espera-se que o programa de desenvolvimento da floresta comunitária (FC) reduza a pobreza e o stress para obter a participação das pessoas na gestão sustentável da floresta. A FC tem desempenhado um papel importante na melhoria dos meios de subsistência dos pobres, das mulheres e das pessoas marginalizadas, mantendo a capacitação social, a equidade de género, a justiça social e a boa governação da FC. Portanto, o FC permitiu que os CFUGs diversificassem suas estratégias de subsistência. Em consequência, são realizadas diferentes actividades geradoras de rendimentos baseadas na floresta, tais como produtos florestais não lenhosos (PFNM), produção de culturas de rendimento como cultura intercalar, actividades de ecoturismo, indústria caseira relacionada com as florestas, etc.

1.1.4 Lacunas na conservação da biodiversidade

A floresta comunitária destina-se principalmente a fornecer produtos florestais aos utilizadores locais e não a conservar a biodiversidade. Atualmente, as comunidades locais praticam a exploração florestal na floresta comunitária de acordo com os seus próprios conhecimentos (Ojha, 2002). As populações locais não estão conscientes da conservação da biodiversidade (Pokharel *et al.*, 2005), pelo que existe o risco de predomínio das espécies preferidas e a possível extinção de espécies indesejadas ou não preferidas. Assim, este estudo foi concebido para abordar as questões da conservação da diversidade das árvores e da sustentabilidade das florestas através de uma gestão florestal participativa.

1.2 Declaração do problema

A floresta comunitária é considerada uma das formas bem sucedidas de gestão dos recursos naturais (Acharya 2003; Springate-Baginski *et al.*1998). A floresta comunitária surgiu para fazer face à perda generalizada de florestas, à degradação ambiental e ao fornecimento de produtos florestais aos utilizadores locais ou à população rural. Embora o número e a cobertura das florestas comunitárias tenham aumentado, existe pouca informação sobre a conservação da biodiversidade em termos de riqueza de espécies, diversidade taxonómica e cobertura das copas devido à falta de um estudo e investigação aprofundados (GoN, 2009). As principais questões relacionadas com a gestão florestal são a ausência de boa governação, a gestão ativa das florestas, as práticas de partilha desigual dos benefícios e o domínio das elites no acesso e controlo dos recursos; a exclusão das pessoas mais vulneráveis da comunidade (Sharma e Acharya, 2004). Por conseguinte, a conservação dos recursos florestais exige que os detentores de interesses confiem uns nos outros e se empenhem na tarefa de utilização sustentável da floresta. Além disso, as populações rurais que praticam uma agricultura de subsistência podem não dar a mesma importância a todas as espécies de plantas que crescem na sua floresta e, se atribuírem o mesmo valor a todas as espécies, podem não produzir produtos florestais como os que podem ser produzidos mantendo algumas espécies de árvores polivalentes de crescimento rápido. No Nepal, foram efectuados poucos estudos sobre as implicações do regime de gestão florestal prevalecente na biodiversidade.

A investigação tem por objetivo avaliar a conservação da diversidade das árvores e a sustentabilidade da floresta através de uma gestão florestal participativa. Ajuda a encontrar o estado atual das práticas de gestão florestal e, ao mesmo tempo, o potencial das florestas existentes para satisfazer a procura futura relativamente aos recursos vegetais disponíveis. Espera-se que o estudo produza informação que ajude a uma gestão adequada das florestas e à conservação da biodiversidade.

1.3 Objectivos

O objetivo geral do estudo era avaliar a diversidade das árvores e a sustentabilidade da floresta através da gestão florestal participativa.

Os objectivos específicos do estudo foram os seguintes

- Avaliar a diversidade das espécies de árvores e o estado de regeneração da floresta comunitária de Kankali

- Explorar os factores sociais que determinam a seleção das espécies de árvores, o padrão de utilização dos recursos e a sua contribuição para a subsistência dos habitantes locais.

- Analisar a eficácia das práticas de gestão florestal de base comunitária e a sustentabilidade no que respeita às principais espécies de árvores.

1.4 Questão de investigação

- A prática de gestão florestal participativa existente é útil para conservar a diversidade das espécies arbóreas e a sustentabilidade da floresta?

- Como é que o Programa Florestal Comunitário contribui para a melhoria dos meios de subsistência locais?

1.5 Visão geral do conteúdo

O primeiro capítulo do relatório apresenta a introdução do estudo. Apresenta os antecedentes, o enunciado do problema, as questões de investigação, o objetivo e as limitações do estudo e uma visão geral do conteúdo.

O segundo capítulo apresenta a revisão da literatura. Este capítulo inclui a revisão da literatura relevante e a definição de alguns termos, questões sobre silvicultura comunitária, estrutura e composição da floresta, diversidade de espécies, utilização de recursos e meios de subsistência.

O terceiro capítulo inclui a metodologia da investigação, que descreve a área de estudo e a KCF. Este capítulo contém informações pormenorizadas sobre as abordagens da investigação e uma descrição clara dos métodos utilizados para o cálculo dos dados.

O capítulo quatro é constituído por todos os resultados da investigação apresentados através de vários gráficos, figuras e quadros. No capítulo cinco, os resultados do capítulo quatro são analisados, comparados e discutidos com o cenário mundial e nacional.

Por último, o sexto capítulo apresenta as conclusões da investigação com algumas recomendações precisas e pertinentes sugeridas para a investigação futura; seguido de apêndices que contêm as informações de apoio do presente trabalho com fotografias pertinentes.

CAPÍTULO 2

REVISÃO DA LITERATURA

À medida que as taxas de desflorestação e de degradação dos solos e as perdas de biodiversidade e de serviços ecossistémicos continuam a aumentar a nível mundial, a comunidade internacional vê-se confrontada com o desafio de encontrar intervenções de utilização dos solos que possam atenuar ou reduzir o impacto destas questões ambientais. Estas considerações ganham uma relevância adicional a nível político internacional, tendo em conta a (CDB, 1992), que orientou a atenção para abordagens ecossistémicas à gestão dos recursos, incluindo a conservação, a utilização sustentável e a partilha equitativa dos benefícios. Assim, a literatura revela um amplo vazio no que respeita a estudos sistemáticos sobre a conservação da biodiversidade e a sustentabilidade das florestas através da gestão participativa das florestas.

2.1 Diversidade de espécies e estado de regeneração

A biodiversidade florestal é o resultado de interações históricas complexas entre forças físicas, biológicas e sociais ao longo do tempo (Mc Neely, 1994). A diversidade de espécies arbóreas é uma componente fundamental da biodiversidade total em muitos ecossistemas, porque as árvores são engenheiras do ecossistema que fornecem recursos e habitats a quase todos os outros organismos florestais (Huston, 1994). A diversidade de espécies reflecte a riqueza e a regularidade das espécies e exprime diferenças na estrutura, composição e condições de habitat da comunidade (Lan, 2003). A composição é o conjunto de organismos (vivos e não vivos) que existem na floresta. É frequentemente descrita pela presença e/ou dominância de espécies e, ocasionalmente, por descritores relativos (por exemplo, índice de diversidade). A estrutura da floresta é o arranjo físico e as caraterísticas da floresta, que é um componente altamente visível e descrito (Stone, 1998). A estrutura do povoamento florestal baseia-se geralmente na agregação de medidas individuais das plantas (por exemplo, densidade, diâmetro das árvores à altura do peito) (Oliver, 1990).

Bhattarai (2008) estudou a análise da vegetação da floresta comunitária de Namuna, em Salbari, Sanishare VDC, no distrito de Jhapa, no Nepal Oriental, e verificou que *a Shorea robusta (Sal)* era a espécie dominante entre nove espécies, com a densidade total (2790 pl/ha), a área basal (31,45 m^2 /ha) e o IVI (130,63). Assim, o valor mais baixo da área basal mostra que a floresta é jovem e que a densidade, a área basal e o IVI são inferiores devido à inferência humana irregular.

As sucessões florestais são também responsáveis pela variação local (dentro do povoamento) e a nível da paisagem dos atributos florestais, produzindo assim heterogeneidade espacial (N. Timilsina *et al.*, 2007). Mishra e Garkoti (2014) referiram que as florestas comunitárias melhoraram as condições gerais da floresta, incluindo a biodiversidade. Jayakumar e Nair (2013) estudaram a diversidade de espécies e os padrões de regeneração de árvores de diferentes tipos de vegetação dos Ghats Ocidentais, na Índia. Verificaram que a heterogeneidade das espécies era mais elevada nos tipos de vegetação a média altitude, enquanto a sua abundância era mais elevada nos tipos de vegetação a maior altitude.

O padrão de regeneração determina a composição e a estabilidade das espécies no futuro. Embora a regeneração natural seja um processo muito lento, é um processo importante para manter a estrutura etária estável das espécies de plantas numa comunidade. A estrutura populacional caracterizada pela presença de uma população suficiente de plântulas, rebentos e árvores jovens indica uma regeneração bem sucedida das espécies florestais (Saxena e Singh, 1984). Para que a regeneração seja bem sucedida, a formação de espaços entre as copas, a forma de controlo do corte e do pastoreio e uma composição favorável das espécies do estrato herbáceo parecem ser altamente responsáveis (Subedi, 1999). Por conseguinte, a análise da estrutura, da regeneração e do crescimento dos ecossistemas florestais é importante para determinar a forma como as perturbações humanas podem afetar a vegetação existente ou a sucessão natural.

2.2 Contribuição da floresta comunitária para a melhoria dos meios de subsistência

A existem cinco activos de subsistência, que são os recursos naturais, o capital social, os recursos humanos, os activos físicos e o capital financeiro. O quadro dos meios de subsistência sustentáveis (Figura 1) apresenta os principais factores que afectam os meios de subsistência das pessoas e as relações típicas entre eles. Pode ser utilizado tanto para planear novas actividades de desenvolvimento como para avaliar a contribuição das actividades existentes para a sustentabilidade dos meios de subsistência. Em particular, o quadro: fornece uma lista de verificação de questões importantes e esboça a forma como estas se relacionam entre si; chama a atenção para influências e processos fundamentais; e realça as múltiplas interações entre os vários factores que afectam os meios de subsistência.

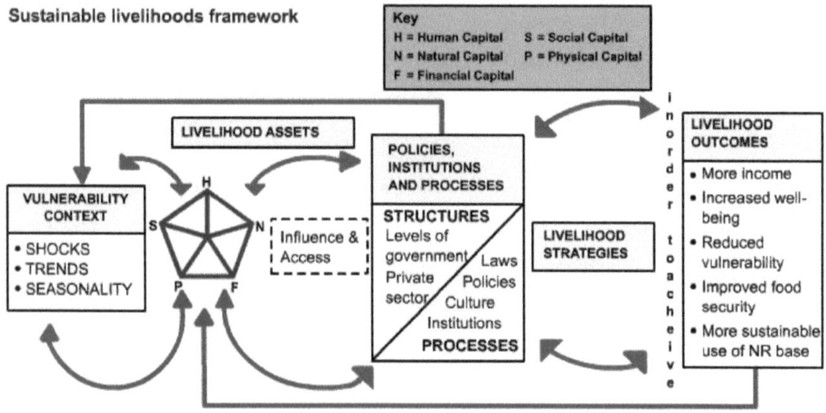

Figura 1: Quadro de meios de subsistência sustentáveis do DFID, 1999

A silvicultura comunitária está a contribuir para a melhoria dos meios de subsistência, ajudando a promover estes 5 activos dos meios de subsistência. Estes incluem a satisfação das necessidades básicas das comunidades locais, o investimento de dinheiro no apoio a actividades de geração de rendimentos das pessoas pobres e o acesso à floresta para rendimentos adicionais ou emprego.

O estudo mostra que os CFUGs ganharam 416 milhões de rupias anualmente com a venda de produtos florestais fora dos grupos. As receitas são utilizadas para diferentes fins, incluindo 12,6 milhões de rupias para a silvicultura comunitária a favor dos pobres (Kanel e Niraula 2004), empréstimos a famílias pobres e formação em actividades de geração de rendimentos baseadas na floresta.

Acesso às florestas para a geração de rendimentos: como programa-piloto, os grupos de utilizadores Ghorlas de Mayagdi e Jhauri de Parbat estão a criar grupos de subutilizadores entre os mais pobres dos pobres, que não têm alternativas de emprego ou oportunidades de rendimento. Estes grupos de subutilizadores têm acesso às florestas comunitárias para produzir PFNL ou plantas medicinais e são autorizados a partilhar o rendimento gerado. Se este mecanismo for reproduzido em grande escala, as florestas comunitárias têm um enorme potencial para melhorar os meios de subsistência de um maior número de pessoas no Nepal (Kanel e Niraula 2004). Dev et al. (2003) identificaram a alteração dos níveis e da segurança dos produtos florestais e dos fluxos de benefícios (através da melhoria dos recursos florestais e/ou de melhores direitos de posse) como um impacto direto nos meios de subsistência das populações locais. O fluxo melhorado e mais sustentável de produtos florestais também se deve à melhoria das condições dos recursos e à alteração dos direitos de utilização dos mesmos.

A abordagem da floresta comunitária não só cria oportunidades de emprego para as populações locais, como também contribui grandemente para sensibilizar as populações para as dimensões económicas das florestas, a fim de reduzir a pobreza. Malla (2000) verificou que os pobres podem obter empréstimos (sem juros) para as actividades de geração de rendimentos. Para além do CFUG de mulheres, foram formados e estão a funcionar corretamente vários grupos de mulheres dedicados à agricultura, à geração de rendimentos, à poupança, ao ensino não formal e à horticultura. Os esforços de reabilitação florestal estão a prever um nível mínimo de efeitos sobre os meios de subsistência dos pobres no período inicial; os efeitos a longo prazo podem ser mais benéficos (Brown *et al.* 2002).

A análise das diferentes investigações acima mencionadas mostra que a floresta comunitária é um programa importante para a redução da pobreza rural através de actividades geradoras de rendimento e de desenvolvimento comunitário. Assim, este estudo tenta identificar os diferentes tipos de actividades geradoras de rendimento e de desenvolvimento comunitário com base no rendimento da FC e na participação dos CFUGs na gestão florestal e noutras actividades.

2.3 Geração de rendimentos e criação de emprego

As Florestas Comunitárias são fontes importantes de produtos para o consumo doméstico e para a geração de renda em dinheiro para as pessoas que vivem nelas e ao redor delas. Os FUGs estão autorizados a realizar muitas Actividades de Geração de Rendimento (IGAs) baseadas na floresta, tal como permitido pela Lei Florestal de 1993 e pelo Regulamento Florestal de 1995, por exemplo, práticas agro-florestais como o cardamomo *(Amomum sobulatum),* o gengibre *(Zingiber officinale), a* erva vassoura *(Thyosonalaena maxima),* a recolha e a venda de NTFPS, etc. Embora o número de actividades geradoras de rendimento esteja a aumentar, continua a faltar informação suficiente sobre todas as potenciais actividades sustentáveis que poderiam ser realizadas para melhorar o rendimento em dinheiro dos utilizadores comunitários da floresta (Shrestha et al., 2001). As actividades potencialmente geradoras de rendimento devem ser incluídas nos planos operacionais florestais. O rendimento gerado pela venda dos produtos florestais está a tornar-se popular e constitui um incentivo importante para a conservação das florestas e uma fonte de desenvolvimento rural. Para que os pobres possam beneficiar da abordagem, são necessárias iniciativas especialmente a favor dos pobres.

Um estudo efectuado por Sharma (2000) concluiu que o rendimento das florestas comunitárias contribui para 12 e 3% do rendimento das famílias pobres e ricas, respetivamente. Afirmou ainda que o FC reduz ligeiramente a diferença entre ricos e pobres. Constituiu também uma boa fonte de rendimento para o fundo do grupo. Recentemente, há poucos casos documentados de CFUGs que geram renda a partir de produtos florestais não-madeireiros. No entanto, o interesse está a aumentar (Drona, 1994). O rendimento proveniente da floresta é uma contribuição importante para a subsistência das populações rurais.

Os CFUG estão a explorar as microempresas baseadas na floresta. A geração de rendimentos (GI) a partir de produtos florestais como a madeira, o bambu, as plantas medicinais, os viveiros florestais e os PFNM foi iniciada. Em muitos países em desenvolvimento, as florestas proporcionam um grande número de postos de trabalho provenientes de actividades baseadas na floresta. De acordo com Soudan e Zingari (2000), as florestas são fontes diretas e indirectas de actividades altamente diversificadas. Estas actividades proporcionam oportunidades de emprego local que atenuam significativamente os impactos do despovoamento e da migração permanente das gerações mais jovens. Atualmente, estima-se que o equivalente a 45 milhões de postos de trabalho a tempo inteiro exista em todo o mundo na silvicultura, nas indústrias conexas e nos sectores informais. Destes, 6% são na silvicultura e 36% no sector informal de base florestal nos países em desenvolvimento (Soudan e Zingeri, 2000 após Poschen, 1997).

2.3 Utilização de recursos

As populações locais satisfazem a sua procura de energia a partir de fontes como a madeira para combustível, a lenha e outros recursos de biomassa (AEPC, 2000). Amacher *et al.*, (1996) observaram que quando os produtos florestais, como a lenha ou a forragem, se tornam escassos ou de recolha dispendiosa, os agregados familiares gastam consideravelmente mais tempo na recolha de produtos florestais. Vários estudos sugerem que a dependência das pessoas em relação às florestas diminuiu por várias razões, como o aumento do acesso a rendimentos em dinheiro provenientes de fontes não agrícolas, como a migração à distância, os negócios, o turismo, etc.

2.4 Sustentabilidade florestal

O termo "sustentabilidade" visa melhorar as condições económicas e sociais das pessoas, de modo a permitir-lhes mudar o seu estilo de vida para melhor, sem danificar os recursos naturais renováveis de que dependem. A manutenção dos atributos composicionais, estruturais e funcionais do ecossistema florestal é uma das abordagens importantes da conservação da biodiversidade (Franklin *et al.*, 2002). Vários estudos sugerem que se registaram melhorias nas condições florestais, na utilização das terras florestais e na biodiversidade após a gestão comunitária.

Branney e Yadav (1998) avaliaram a alteração do estado das florestas comunitárias entre 1994 e 1998 em quatro distritos de Koshi Hills. Verificaram que o número de caules aumentou 51% e a área basal aumentou 29%, enquanto a intensidade do pastoreio diminuiu de 94% para 74%, em comparação com a floresta pública. Do mesmo modo, Karna *et al.* (2004) analisaram o estado de cinco florestas comunitárias em intervalos de cinco anos durante 1993-2003 e verificaram que vários parâmetros do estado da floresta, tais como a densidade das árvores e dos rebentos e o diâmetro dos rebentos, aumentaram com as medições subsequentes.

As perturbações antropogénicas têm um impacto negativo na estrutura, composição e função da floresta. A comunidade rural continua a consumir 69 % de energia a partir de lenha proveniente da silvicultura comunitária e esta percentagem não diminuiu (Shrestha e Sharma, 2004). Por outro lado, certas gestões florestais comunitárias são eficazes para promover a densidade preferida das árvores, mas não a diversidade das espécies (Lawbuary, 1999). Shrestha (2010) constatou que as espécies de madeira, de crescimento rápido e polivalentes, incluindo as plantas medicinais, têm mais preferência, ao passo que a madeira de baixa qualidade e as espécies de ervas, arbustos e trepadeiras de valor pouco conhecido foram removidas. Por conseguinte, vários tipos de vegetação utilizados para sustentar os meios de subsistência da comunidade local ou que têm mais valor económico estão sobretudo ameaçados pela colheita excessiva e por utilizações não sustentáveis.

CAPÍTULO 3

MATERIAIS E MÉTODOS

3.1 Área de estudo

3.1.1 Antecedentes da zona de estudo

O estudo de investigação foi realizado na Floresta Comunitária de Kankali, situada no sopé da cordilheira de Churia, no Comité de Desenvolvimento da Aldeia de Chainpur (CDV), distrito de Chitwan, de novembro de 2014 a dezembro de 2014. Abrange uma área de 730 ha (Figura 1). Situa-se a uma latitude de 27° 21'45" N e a uma longitude de 84° 48'15" E e a uma altitude de 220 - 540 m asl.

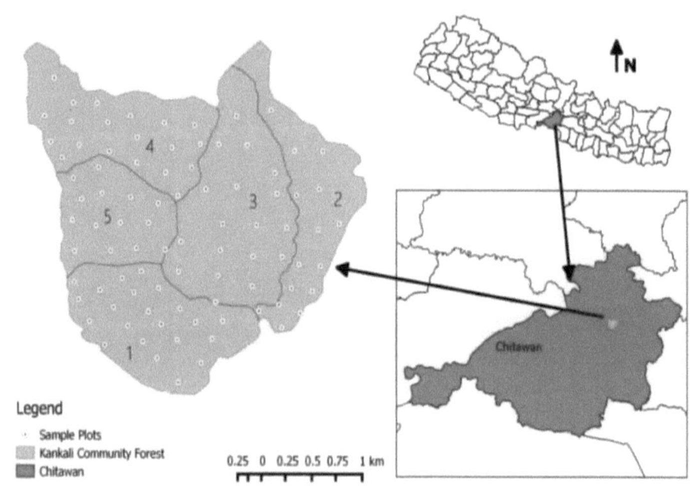

Figura 2: Mapa de localização da área de estudo com o número e a distribuição das parcelas de amostragem

3.1.2 Clima

Esta região é caracterizada por um clima tropical (60-310 m de altitude) e subtropical de tipo monção (310-1000 m de altitude) (Stainton, 1972). A temperatura varia entre 30° C no verão e - 5° C no inverno. A precipitação média anual é de cerca de 1500 mm.

3.1.3 Vegetação geral

A floresta comunitária de Kankali consiste numa floresta subtropical. As espécies de árvores dominantes encontradas nesta floresta são Sal, Saaj, Jamun, Sindure, Khirro, Simal, etc. A floresta é a fonte de diferentes tipos de ervas medicinais, tais como Kurilo, Peepala, Hadchur, Harro, Barro, Amala, etc.

3.1.4 Aspectos socioculturais

Os grupos étnicos que habitam a região são Brahmin, Chettri, Newar, Gurung, Magar, Tamang, Chaudhary, Darai, Majhi, Thami, etc. Os maiores grupos de pessoas são os Dalits e os Darai, que representam mais de metade da população total da região. Cerca de 1900 agregados familiares são membros do CFUG em Chainpur VDC. A estrutura familiar da comunidade que vive na zona de estudo é caracterizada por uma família nuclear. Os habitantes dependem da agricultura como principal fonte de rendimento, além de se dedicarem ao comércio, aos serviços, ao trabalho e ao emprego no estrangeiro.

3.1.5 História geral da floresta comunitária

Antes da década de 1990, devido ao aumento da imigração e da caça furtiva, verificava-se uma elevada degradação das florestas, invasão e colheita ilegal das madeiras e actividades que, consequentemente, provocaram graves deslizamentos de terras e erosões. Ao aperceber-se de todos estes problemas, a comunidade iniciou a conservação da floresta. Após a forte vontade das pessoas da comunidade de conservar a floresta e a biodiversidade, o DFO de Chitwan, em 1996 d.C., entregou legitimamente a floresta à comunidade de utilizadores com o objetivo principal de reabilitar a floresta degradada e de suprir perpetuamente as necessidades básicas das pessoas em termos de produtos florestais. Os membros utilizadores desta comunidade são mais de 1900 agregados familiares, que abrangem todas as alas (1-9) de Chainpur VDC.

A FC de Kankali está dividida em 5 blocos. As informações gerais sobre cada bloco são apresentadas no quadro seguinte.

Quadro 1: Divisão local da FC, com a sua área e vegetação principal

N.º de bloco	Nome dos blocos	Área do bloco (ha)	Vegetação principal
1	Paryatakia Chhetra	150	Sal,Jamuna,Asna
2	Dumsi dada	120	Sal, Asna
3	Chauki dada	175	Sal, Karma
4	Kankali Pakho	190	Sal
5	Mirga dada	99	Sal,Budhaero,J amuna

3.2 Conceção da investigação

A abordagem do estudo foi descritiva e explicativa. Foi concebido (Figura 3) de acordo com o objetivo do estudo, utilizando abordagens integradas de inquéritos sobre a vegetação e inquéritos sociais. Inquérito sobre a vegetação visando as espécies de árvores presentes na floresta e o estado da população. Inquérito por questionário (Anexo 1) para integrar as preferências locais das árvores para os vários fins utilizados.

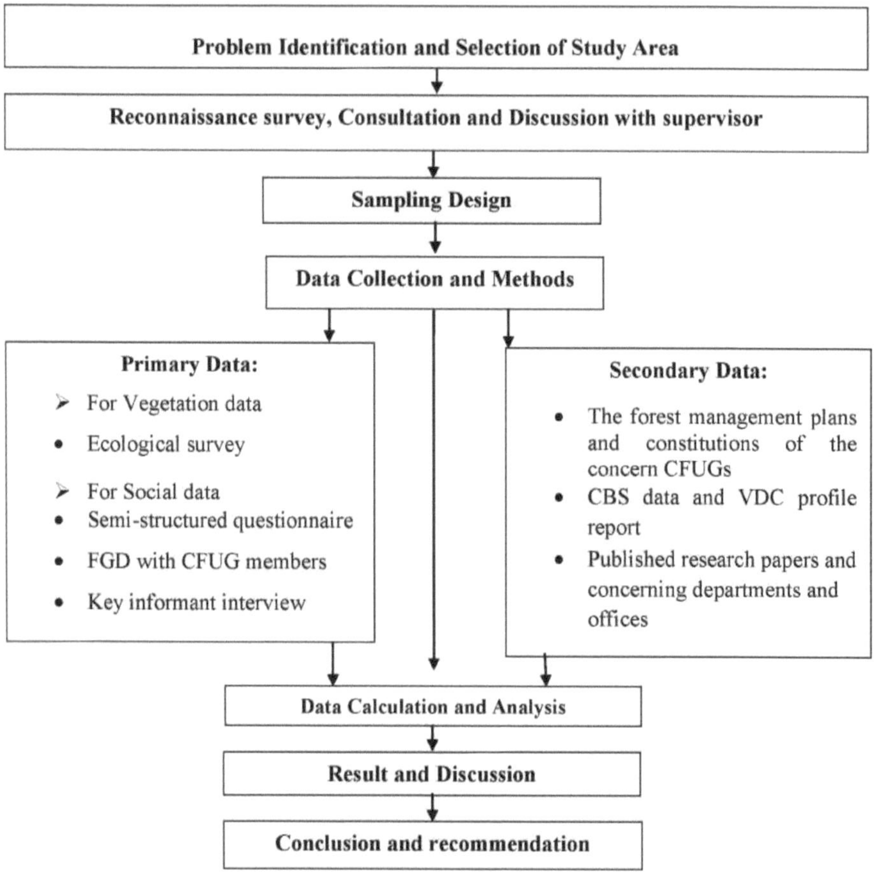

Figura 3: Fluxograma da conceção da investigação

3.3 Métodos de recolha de dados

3.3.1 Fontes de dados primários

3.1.1.1 Levantamento da vegetação

Seguindo a diretriz para o inventário dos recursos da FC de 2005, foi aplicada a técnica de amostragem aleatória com uma intensidade de amostragem de 0,5%. 90 parcelas circulares de área 400 m^2 (11,82 raio) foram colocadas para medir árvores durante o período de novembro de 2014 a dezembro de 2014. Da mesma forma, parcelas aninhadas de 100 m^2 e 1m^2 foram feitas para o estudo de mudas e plântulas, respetivamente. A altura (m) e o DBH (diâmetro a 1,3 m de altura) das árvores foram medidos com clinómetros e fita de diâmetro, respetivamente. O GPS foi utilizado para localizar a latitude, longitude e altitude das parcelas de amostragem.

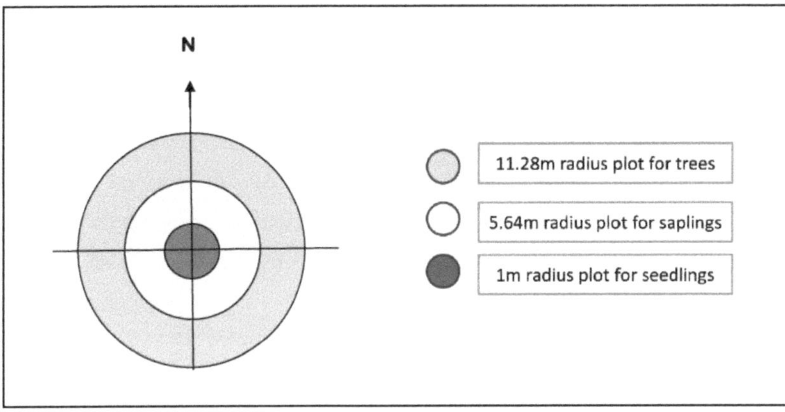

Figura 4: Conceção da parcela circular

(Fonte: Diretrizes para o inventário florestal, 2005)

3.1.1.2 Inquérito socioeconómico

3.1.1.2.1 Inquérito por questionário

Para o inquérito socioeconómico, foi utilizado o método do questionário semi-estruturado. Foram selecionados 190 agregados familiares como amostra para o estudo, de acordo com um desenho de amostragem aleatória sistemática a partir da lista actualizada dos membros do CFUG. O questionário foi preparado em inglês e traduzido para a língua nepalesa, a fim de ser compreensível tanto para o enumerador como para os inquiridos (Anexo 1).

Os dados foram codificados, categorizados e introduzidos no computador. Estes dados foram processados e as análises estatísticas foram efectuadas utilizando pacotes de software informáticos denominados MS Excel 2007 e R (R Core Team, 2013).

3.1.1.2.2 Discussão com informadores-chave

Foram realizadas discussões com os membros do comité executivo do CFUG, professores locais, membros do CFUG e idosos das zonas de estudo, com o DFO e o seu pessoal e com outros organismos de apoio aos membros do CFUG para tratar da geração de rendimentos e do desenvolvimento comunitário, bem como das actividades de melhoria dos meios de subsistência, com os membros da Federação dos Utilizadores Comunitários das Florestas do Nepal (FECOFUN, Chitwan) para avaliar a geração de rendimentos e de emprego a partir da gestão florestal e da geração de rendimentos, das actividades de conservação da biodiversidade e dos trabalhos de desenvolvimento comunitário e de gestão florestal realizados pelos membros do CFUG, bem como o apoio prestado pelos organismos de apoio em causa para a realização destas actividades.

3.1.1.2.3Discussão em grupo (FGD)

Este debate foi organizado com membros selecionados do CFUG de diferentes grupos étnicos, mulheres pobres, dalits e de origem socioeconómica envolvidos na proteção e gestão da floresta comunitária para a geração de rendimentos, implementação de actividades de geração de rendimentos e investimento de fundos do CFUG para a implementação de actividades de desenvolvimento comunitário. O debate centrou-se na história do desenvolvimento e da gestão das florestas, na conservação da biodiversidade, na geração de rendimentos e na mobilização de fundos para a implementação de actividades de desenvolvimento comunitário e de geração de rendimentos, no processo de tomada de decisões no âmbito do CFUG e no apoio prestado pelos organismos competentes aos membros do CFUG.

3.1.1.2.4Observação direta

A observação direta das florestas, das actividades de geração de rendimentos e dos trabalhos de desenvolvimento comunitário foi feita durante a visita de campo com os membros do CFUG. A força, a fraqueza, a oportunidade e a limitação (análise SWOL) de cada atividade observada foram analisadas a partir da observação direta.

3.3.2 Fontes de dados secundários

Para o estudo, foram recolhidas fontes secundárias, como artigos relacionados, dissertações, artigos e revistas sobre a utilização de recursos na floresta comunitária. Os dados secundários de carácter socioeconómico e demográfico foram recolhidos do perfil do CDV de Chainpur.

3.4 Análise de dados

3.4.1 Parâmetros quantitativos da vegetação

Foram determinados parâmetros quantitativos como a área basal, a densidade, a frequência e o índice de valor de importância (IVI). O padrão de distribuição das classes de diâmetro e de altura foi analisado para descrever a estrutura da vegetação. Os cepos das árvores cortadas foram anotados e identificados. Os dados de campo foram utilizados para calcular a densidade, a frequência, a área basal, os seus valores relativos e o índice de valor de importância de acordo com (Zobel *et al.,* 1987).

3.4.1.1 Densidade e densidade relativa

A densidade mostra o número de árvores individuais por unidade de área e indica a força numérica de uma espécie numa comunidade.

$$Density\left(\frac{no}{ha}\right) = \frac{\text{Total No of individuals of a species}}{\text{Total no. of plots studied x area of each plot}} * 10000$$

A proporção da densidade de espécies em relação à densidade total de todas as espécies numa área é referida como densidade relativa. Por outras palavras, é a força numérica de uma espécie em relação ao número total de indivíduos de todas as espécies.

$$\text{Relative Density (R. D.)(\%)} = \frac{\text{Density of species A}}{\text{Total densities of all species}} \text{ x 100}$$

3.4.1.2 Frequência e frequência relativa

A frequência indica a dispersão das espécies numa comunidade. É a percentagem de unidades de amostragem em que uma determinada espécie ocorre.

$$\text{Frequency(\%)} = \frac{\text{No.of plots in which species A occured}}{\text{Total no.of plots sampled}} \text{ x 100}$$

A frequência relativa é a frequência de uma determinada espécie em relação à frequência total de todas as espécies presentes na comunidade.

$$\text{Relative Frequency (R. F.)(\%)} = \frac{\text{Frequency of species A}}{\text{Total frequency of all the species}} \text{ x 100}$$

3.4.1.3 Área basal e área basal relativa

A área basal refere-se ao solo efetivamente penetrado pelos caules. É um dos caracteres que determinam a dominância.

$$\text{Basal area} = \frac{\text{(3.1416) x (dbh)2}}{4}$$

Da mesma forma,

$$\text{Relative Basal Area (R. B. A)} = \frac{\text{Basal area of a species}}{\text{Total basal area of all species}} \text{ x 100 \%}$$

3.4.1.4 Índice de Valor de Importância (IVI)

Para exprimir a dominância e a importância ecológica de uma espécie, com um único valor, foi desenvolvido o conceito de Índice de Valor de Importância. Este dá a importância global de cada espécie na comunidade. A dominância da espécie foi atribuída através do valor calculado do IVI. Este pode ser calculado através da adição dos valores relativos dos três parâmetros densidade, frequência e área basal.

O I.V.I. foi calculado por

I.V.I. = R.D. + R.F. + R.B.A.

Em que, D.R. (%) = Densidade relativa

F.R.(%) = Frequência Relativa

R.B.A.(%) = Área Basal Relativa

3. 5Diversidade de espécies

3.5.1 Índice de Diversidade de Shannon - Weiner (H')

O índice de Shannon-Wiener é a medida mais popular da diversidade de espécies, uma vez que tem em conta a riqueza e a uniformidade das espécies e não é afetado pela dimensão da amostra. A diversidade de espécies é a combinação da riqueza e da regularidade das espécies. É calculada da seguinte forma

$H'=-\sum pi \ ln \ Pi$ (Shannon,1963)

Onde,

i=1 Onde, H' = índice de diversidade de Shannon-Weiner,

pi =proporção de indivíduos da i-ésima espécie, ou seja, *(ni/N);*

ni = índice de valor de importância da espécie

N = índice de valor de importância de todas as espécies.

Os valores de H comportam-se de forma inversa ao índice de dominância. Um valor mais elevado de "H" indica uma baixa concentração de dominância. Uma maior diversidade significa cadeias alimentares mais longas e mais casos de simbiose, o que reduz as oscilações e, por conseguinte, aumenta a estabilidade. A diversidade de espécies tende a ser baixa em ecossistemas fisicamente controlados e alta em ecossistemas biologicamente controlados.

3.5.2 Índice de dominância

O índice de dominância foi calculado pelo índice de Simpson (Simpson, 1949). O índice de Simpson (C) reflecte a dominância porque é mais sensível às espécies mais abundantes do que às espécies raras. O valor de D varia de 0 (infinito) a 1 (sem diversidade) e é calculado como:

$D = \Sigma \ (pi)^2$

Onde,

pi =proporção de indivíduos da i-ésima espécie, ou seja, *(ni/N).*

3.5.3 Riqueza de espécies

A riqueza de espécies é o número de espécies por unidade de amostragem.

Riqueza de espécies (RS) =Número de espécies que ocorrem na área de estudo

3.5.4 Equitabilidade das espécies (E)

A uniformidade das espécies é a distribuição dos indivíduos entre as espécies. A equitabilidade é máxima quando todas as espécies têm o mesmo ou quase igual número de indivíduos.

$$E = \frac{H}{\text{Log } S}$$

(Yadav *et al.*, 1987)

Onde, H=Índice de Shannon de Diversidade

S= Nº de espécies

As diferentes estatísticas, como a densidade, a frequência, a área basal, o Índice de Valor Importante, os índices de diversidade das espécies, o diagrama de barras, a tabela e o gráfico de tartes foram interpretados após a apresentação destes valores em diagramas, tabelas e gráficos de tartes. Foram efectuadas análises estatísticas, como o teste t e a regressão linear, para estudar a diferença significativa entre duas variáveis, por exemplo, o teste t para o DAP médio, a altura média, o teste t para o rendimento da pecuária e do gado, o teste do qui-quadrado para o acesso aos recursos e a etnia. O Microsoft Excel foi utilizado para o registo de dados e a preparação da base de dados e o software R foi utilizado para a análise estatística. Os dados socioeconómicos foram analisados utilizando o Excel 2007 para o cálculo básico, a análise e a interpretação dos dados do agregado familiar. Os dados qualitativos em bruto e as informações do questionário foram introduzidos diretamente na folha do Microsoft Excel. Os dados e informações qualitativos foram também codificados e depois introduzidos para análise.

CAPÍTULO 4

RESULTADOS

4.1 Composição da vegetação e diversidade de árvores

A floresta continha 33 espécies diferentes de árvores com uma densidade total de 690,2 árvores/ha. Relativamente às espécies de árvores, a densidade mais elevada calculada foi *Shorea robusta* com 453 árvores/ha, seguida de *Lagerstromia parviflora* com uma densidade de 62,3 árvores/ha, *Terminalia alata* com uma densidade de 50,8 árvores/ha e *Carea arborea* com uma densidade de 23,07 árvores/ha. A menor densidade calculada foi a de *Dillenia pentagyna, Murraya koenigii, Myrsine semiserrata* e *Acacia auriculus* com uma densidade de 0,27 árvores/ha. *A Shorea robusta* foi considerada a árvore mais amplamente distribuída, com um valor de frequência de ocorrência (100%) em todas as parcelas de amostragem. Outras árvores com maior frequência foram *Lagerstromia parviflora* (73,6 %), *Terminalia alata* (34,1 %), *Carea arborea* (32 %) e *Semicarpus annacardium* (30 %). Do mesmo modo, a área basal relativa foi mais elevada em *Shorea robusta* (66,6 %), seguida de *Lagerstromiaparviflora* 9,7 % e *Terminalia alata* 7,7 %.

4.1.1 Composição florística das espécies arbóreas

Durante o período de estudo, foram identificadas 33 espécies de árvores de 19 famílias e 30 géneros. Cinco espécies (15,15 %) pertenciam às famílias *Anacardiaceae e Febaceae* (Anexo 8), seguidas de *Combretaceae* e *Euphorbiaceae* com 3 espécies (9,09 %) cada. Além disso, foram encontradas duas espécies das famílias *Dipterocarpaceae, Myrtaceae e Bombaceae. Lythroceae, Rubiaceae, Flacourtiaceae, Lcythidaceae, Cornaceae, Sapotacea, Theaceae, Annanaceae, Proteaceae, Magnoliaaceae,* foram as famílias que continham uma espécie.

4.1.2 Índice de Valor Importante

O IVI foi calculado a partir da área basal relativa (RBA), da frequência relativa (RF) e da densidade relativa (RD). *Shorea robusta* contribuiu com mais de 154 % da percentagem de importância na floresta comunitária, seguida de *Lagerstromia parviflora* (35,7%), *Terminalia alata* (20,2%), *Semicarpus anacardium (15%)* e *Carea arborea* (13,5%).

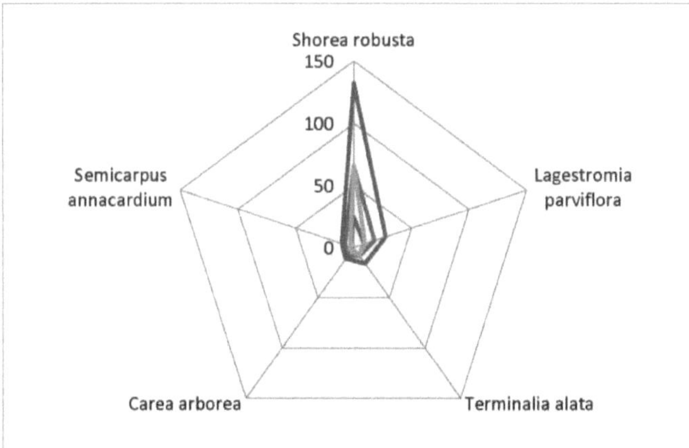

Figura 5: IVI das cinco principais espécies

4.1.3 Distribuição por classes de tamanho

A distribuição das árvores em diferentes classes de diâmetro (Figura 6) mostrou que havia um maior número de árvores na classe de tamanho 10-20 cm (1566 árvores/ha). O número de árvores diminuiu com o aumento do diâmetro.

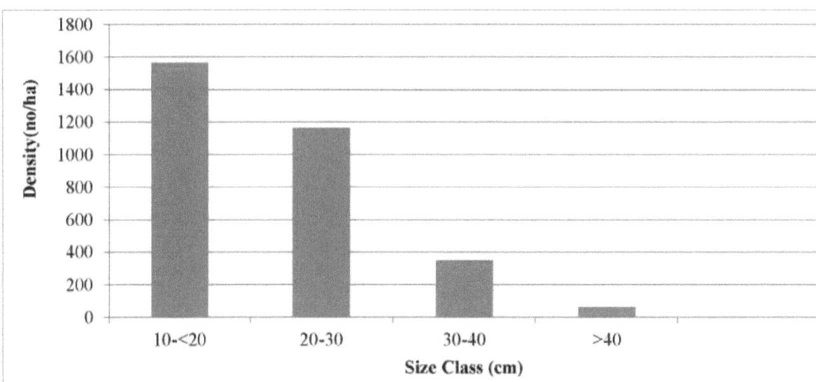

Figura 6: Distribuição das classes de dimensão

4.1.4 Biomassa arbórea acima do solo

Na área de estudo, a biomassa arbórea acima do solo mais elevada foi a da *Shorea robusta* (309,17 t/ha), seguida da *Lagerstromia parviflora* (40,49 t/ha) e *da Terminalia alata* (25,15 t/ha). A biomassa das árvores acima do solo em diferentes parcelas foi significativamente diferente ($p<0,05$). A biomassa das árvores variou consoante a composição das espécies, o aspeto e a densidade das árvores nas parcelas amostradas.

4.1.5 DAP médio

O DAP médio foi mais elevado para a *Shorea robusta*, com 16 cm (variando entre 10 e 28 cm), seguido da *Lagerstromia parviflora*, com 15 cm (variando entre 10 e 27 cm). As espécies menos dominantes foram *Carea arborea* e *Dillenia pentagyna* com DAP médio de 13 cm e 18 cm, respetivamente. Ao nível da parcela, o DAP médio variou entre 30,56 cm e 14,15 cm. Os DAP médios foram significativamente diferentes entre as parcelas ($p<0,05$).

4.1.6 Altura média

Ao nível das parcelas, a altura média máxima foi encontrada em 3 parcelas com 31 cm e a altura mínima foi encontrada com 13,15 cm. As alturas médias foram significativamente diferentes entre as parcelas ($p<0,05$).

4.1.7 Diversidade de espécies de árvores

4.1.7.1 Índice de Diversidade Weiner da Shannon

O índice de diversidade de Shannon Weiner foi de 1,47. O valor mais alto do índice encontrado foi

1.3 no bloco 1 e o valor mais baixo foi de 0,02 encontrado no bloco 4. Verificou-se que havia diferenças significativas nos índices de diversidade dos blocos ($p<0,05$).

4.1.7.2 Riqueza de espécies

A riqueza total de espécies de árvores encontrada no sítio de estudo foi de 33. A maior riqueza de espécies de árvores foi encontrada no bloco 3 e no bloco 4 e a menor riqueza de espécies de árvores foi encontrada no bloco 1 e no bloco 5, respetivamente. A riqueza média de espécies dos blocos foi de 17. O resultado mostrou que a riqueza de espécies era significativamente diferente entre os blocos ($p<0,05$) (Anexo 9).

4.1.7.3 Equitabilidade das espécies

A média de espécies de toda a área de estudo foi de 0,21. O estudo da uniformidade das espécies mostrou que o índice mais elevado foi registado no bloco 1 e no bloco 5 com ($E=0,5$) seguido do bloco 4 ($E= 0,02$). A uniformidade das espécies variou significativamente no bloco 4, bloco 3 e bloco 2 (p-value<0.05). No entanto, a uniformidade das espécies não foi significativamente diferente entre o bloco 1 e o bloco 5.

4.2 Estado de regeneração

No total, foram encontradas 21 espécies arbóreas de mudas. A densidade total de mudas de árvores na área de estudo foi de 5999 ind/ha e a densidade de plântulas de 11858 ind/ha. Entre elas, a maior densidade de plântulas era de *Shorea robusta* (2416 ind/ha) e as plântulas de árvores menos dominantes eram de *Adina cardiflora, Albizia Lucida* com densidade de 19 ind/ha (Figura 7)

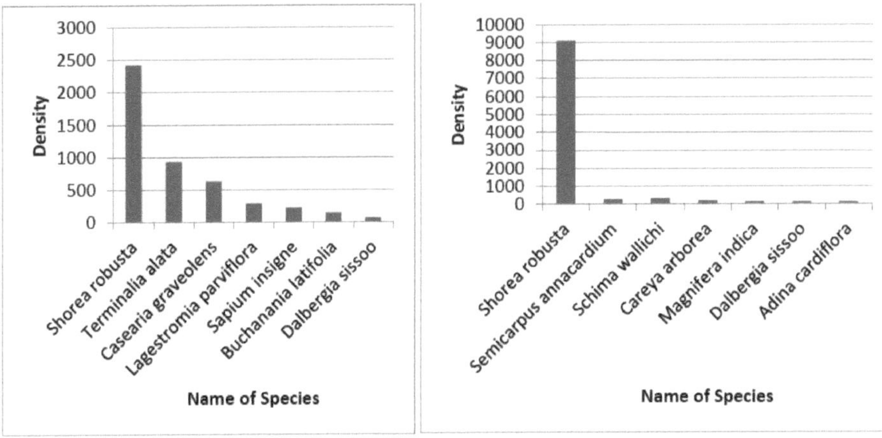

Figura 7: Densidade de mudas e plântulas

4.3 Condição socioeconómica

No total, foram inquiridas 190 pessoas e a idade dos inquiridos variou entre os 18 e os 73 anos. Do total de inquiridos, 47% eram homens e 53% eram mulheres. A agricultura foi a principal ocupação, 90% dos inquiridos eram predominantemente agricultores. A população alfabetizada era de 58% e a população analfabeta de 42%, sendo a população masculina alfabetizada de 40% e a população feminina alfabetizada de 18%. A agricultura de subsistência inclui o arroz, o milho, o arroz em casca, a mostarda, o trigo, a lentilha, a batata e os legumes.

4.3.1 Fontes de rendimento dos agregados familiares

As principais fontes de rendimento da comunidade estudada foram a agricultura (26%), o emprego no país (16%), os negócios (15%), o emprego no estrangeiro (23%) e a criação de gado (20%), como mostra o Quadro 2. Assim, as actividades nas explorações agrícolas incluem a agricultura e a criação de gado e as actividades fora das explorações agrícolas incluem os negócios, o emprego no país (GO's e ONG's) e o emprego no estrangeiro. A partir dos resultados acima referidos, verificou-se que os CFUGs da floresta comunitária de Kankali têm fontes de rendimento diversificadas.

Quadro 2: Principais fontes de rendimento

Ocupação	% de inquiridos	Observações
Na exploração Fontes		
Agricultura	26%	Área potencial
Pecuária	20.20%	Zona acessível

Fontes não agrícolas		
Negócios	14.40%	Área potencial
Emprego no país	15.80%	
Emprego no estrangeiro	23.30%	

4.3.1.1 Suficiência de rendimento antes e depois do FC

Antes da criação do FC (1998), 68% dos inquiridos afirmavam que o seu rendimento era suficiente durante todo o ano, 21,6% durante 9-11 meses e 10,20% tinham rendimento suficiente durante 68 meses. Atualmente, 92% dos inquiridos tinham rendimentos suficientes ao longo do ano, 8% tinham rendimentos suficientes durante 9-11 meses (Figura 8).

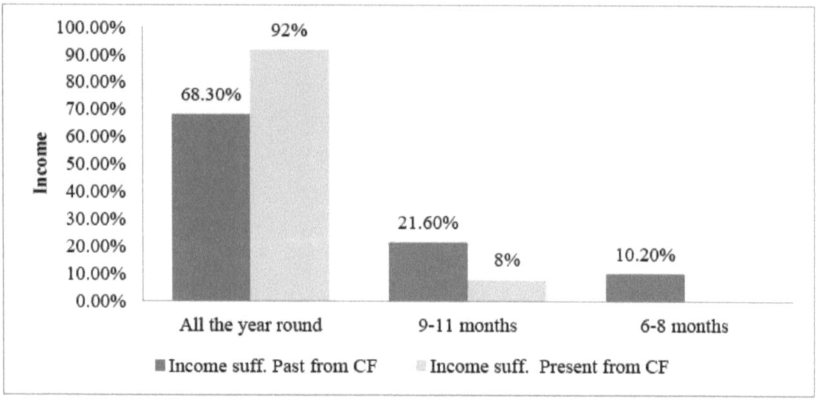

Figura 8: Suficiência de rendimento com base na perceção das pessoas de 1998 a 2014

4.3.2 Estado do gado

Os principais animais criados eram vacas, búfalos, cabras e, em seguida, porcos. Entre a comunidade estudada, 73% dos agregados familiares criavam gado (unidade de gado média, CN=1,18). Em KCF, o maior número de cabeças de gado observado foi o de búfalos (125), seguido de cabras (300) e porcos (90).

4.3.2.1 Animais (unidade)

T não se registou uma relação significativa entre o total de CN e o rendimento total, ao passo que se registou uma relação significativa entre o total de CN e o rendimento do gado ($p<0,05$, $t= 14,17$) (Anexo 7).

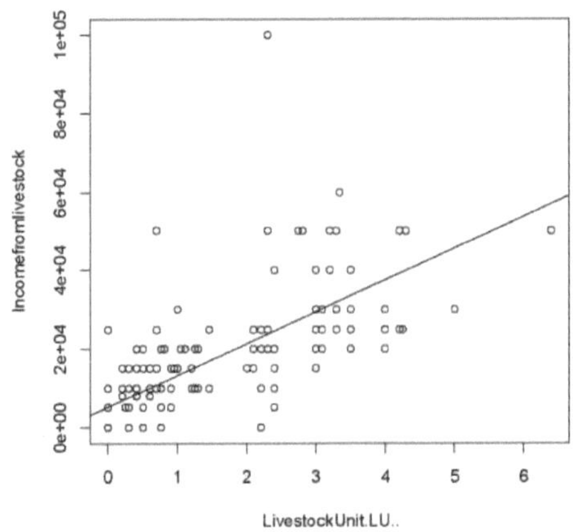

Figura 9: Relação entre a unidade de gado e o rendimento do gado

4.3.2.2 Fontes de forragem e recolha de forragens

Do total de agregados familiares, 67% dependem do FC para forragem florestal e 20% não efectuam qualquer recolha. Cerca de 51% do total de famílias declararam depender de ambos (FC e PL) para forragem, 51% dependem apenas do FC para forragem e quase 24% não efectuam qualquer recolha.

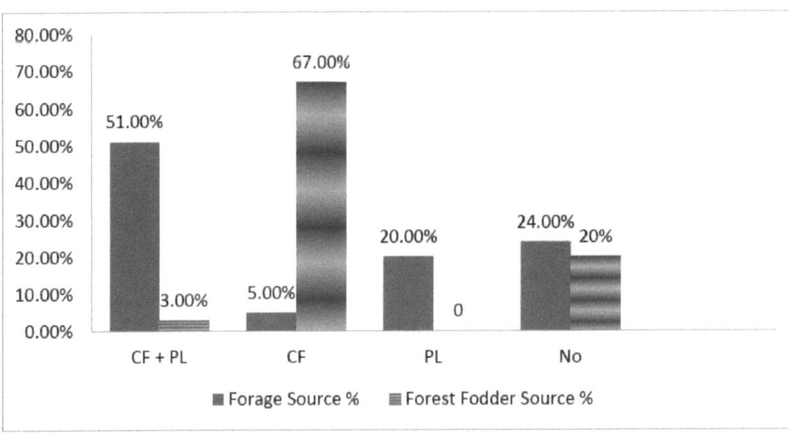

Figura 10: Diferentes fontes de forragem e forragem

4.3.3 Energia

A principal fonte de procura de energia era a lenha, seguida do querosene, dos resíduos agrícolas e do GPL. Quase todos os agregados familiares utilizaram lenha para satisfazer as suas necessidades energéticas, com um consumo médio de 1206 kg/ano/HHs.

Quadro 3: Diferentes fontes de energia

Fonte de energia	Lenha	Resíduos agrícolas	Querosene	GPL	Estrume de gado
Média	1206.2	8,1 kg	9.3 ltr.	0.5	8.5

A lenha é uma necessidade quotidiana da população rural, sendo a maior parte da procura de lenha satisfeita pelos CF (Figura 13). O consumo anual de lenha proveniente de CF foi considerado significativo (p<0,05) e o consumo anual proveniente de terrenos privados não foi considerado significativo (p>0,05).

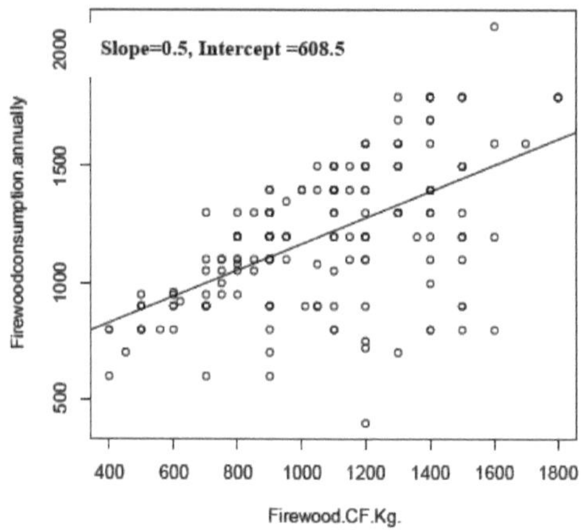

Figura 11: Relação entre o consumo anual de lenha e o consumo de lenha do FC

4.4 Práticas de gestão florestal comunitária

4.4.1 Gestão Operações e utilização de produtos florestais:

Os CFUGs estavam a aplicar uma vasta gama de actividades silvícolas, tais como o corte, a separação, o desbaste, a poda, a remoção de ervas daninhas/limpeza e o abate seletivo, seguidos do controlo do fogo, do controlo do pastoreio, das plantações, do trabalho de conservação do solo e da recolha de folhagem. Do mesmo modo, outras medidas de proteção da floresta para promover a biodiversidade incluem a proibição da caça à vida selvagem, o controlo dos incêndios florestais e do pastoreio, o controlo da invasão da floresta, a conservação da área propensa à erosão do solo e a conservação da área das fontes de água. A floresta foi dividida em 5 blocos diferentes, baseados principalmente em limites naturais. Todas estas operações foram implementadas uma vez por ano, durante o inverno, no bloco selecionado. O mesmo bloco era normalmente revisitado durante 5 anos. A fim de proteger a floresta, os FUGs mantiveram 5 guardas florestais com base em pagamento.

O comité executivo decide e autoriza o corte de um determinado número de árvores de madeira aos requerentes. O comité executivo de um CFUG cobrou um preço fixo pelos produtos florestais quando os vende dentro ou fora do grupo, e recolhe um fundo comunitário utilizando um sistema de gestão de abordagem participativa.

O CFUC tinha as suas próprias regras e regulamentos para a recolha e conservação de produtos florestais. Eles tinham um período específico para coletar produtos florestais em seu plano, todos os membros do CFUG que quisessem madeira seca, galhos caídos para lenha e capim poderiam coletar durante o ano inteiro. Embora o preço prescrito dos produtos florestais seja mais baixo para as pessoas pobres, existem dificuldades na partilha equitativa dos recursos.

4.4.2 Preferências de espécies:

As comunidades locais utilizaram as espécies de árvores de várias maneiras, dependendo da adequação e disponibilidade das espécies preferidas, no entanto, a gestão está centrada nas árvores de madeira, promovendo certas espécies que podem ser vistas a partir dos resultados da proporção de diferentes árvores. Uma vez que as pessoas não estão autorizadas a cortar árvores vivas para lenha e madeira, estão a utilizar árvores mortas, árvores curvadas e ramos para lenha e forragem. Do total de famílias inquiridas, 52% dos inquiridos classificaram a lenha como o principal produto colhido da FC, 30% dos inquiridos classificaram a forragem e 18% a madeira.

Os inquiridos colocaram o Sal como a espécie mais preferida, seguida do Saaj. A lista de preferências de espécies em função da sua utilização pelos inquiridos é apresentada na Tabela 4. Com base no inquérito HH e na DGF, os resultados da preferência de espécies mostram que a floresta era dominada por algumas espécies de árvores e a maioria destas espécies eram espécies de madeira. Geralmente, as comunidades locais utilizam árvores forrageiras como Sal, Saaj, Jamun, Saaj, Bhalayo, etc. As espécies Thakal e Kutmero são as mais preferidas como forragens que podem ser colhidas durante todo o ano na FC.

Quadro 4 : Espécies mais preferidas na zona de estudo

Espécies preferidas	Principais utilizações
Shorea robusta (Sal)	Madeira, lenha
Terminalia alata (Saaj)	Madeira, lenha
Lagestromia parviflora (Budhaero)	Madeira, lenha
Michelia champaca (Champ)	Madeira
Carea arborea (Kyamuna)	Madeira
Adina cardiflora (Karma)	Madeira, lenha
Acácia catechu (Khayer)	Madeira

4.4.3 Rendimento institucional da floresta comunitária e contribuição para a melhoria dos meios de subsistência

O CFUC recolheu fundos do sector florestal e não florestal. As fontes florestais incluem a venda de produtos florestais e as fontes não florestais incluem a taxa de registo, a taxa de filiação, sanções e castigos. Os rendimentos recolhidos da floresta são utilizados para vários fins de desenvolvimento comunitário, por exemplo, actividades de conservação da floresta, construção de estradas rurais, apoio escolar, água potável e programas de desenvolvimento turístico (Figura 12).

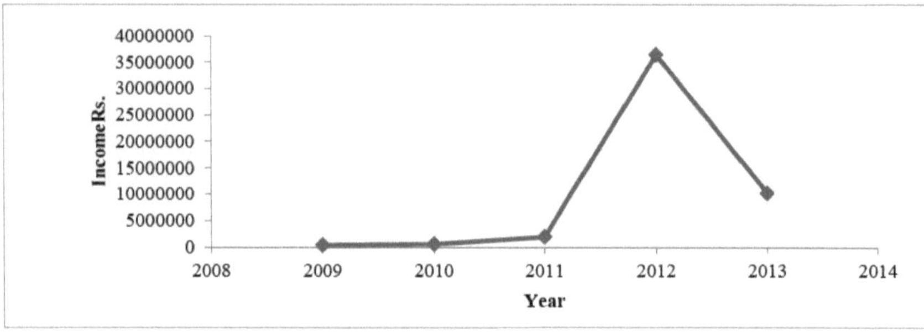

Figura 12: Rendimento anual do CFUC proveniente da madeira

O gráfico mostra que o rendimento da floresta comunitária está a aumentar de forma consistente. O rendimento mais elevado em 2012 deveu-se à construção de uma linha de transmissão (no Bloco 4 e no Bloco 5) que provocou a queda de mais árvores. Este facto pode ter aumentado o rendimento da venda de madeira.

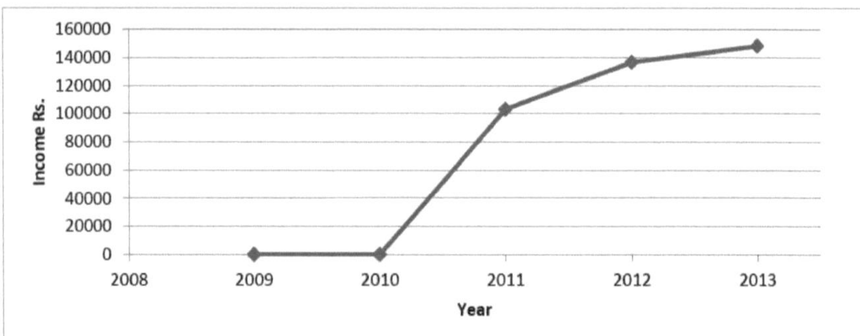

Figura 13: Rendimento do FC proveniente da lenha em função do ano

O rendimento da lenha tem vindo a aumentar de forma consistente, devido à crescente venda de lenha às pessoas que vêm para actividades recreativas no parque verde (local de piquenique).

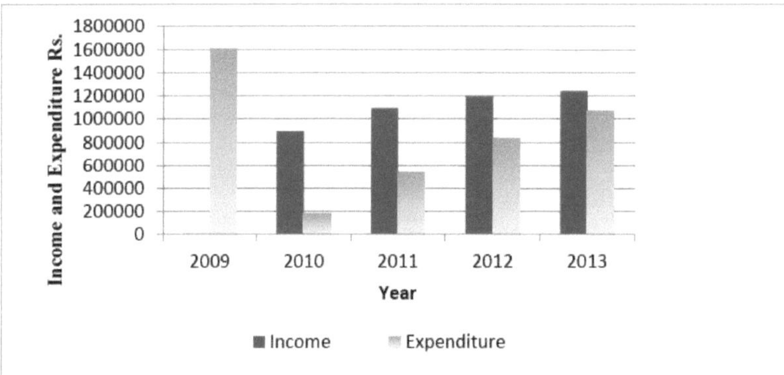

Figura 14: Receitas e despesas do sector do turismo da floresta comunitária

O gráfico mostra que a floresta comunitária foi bem sucedida nos programas de desenvolvimento turístico. As fontes de rendimento no sector do turismo foram o aluguer de locais para piqueniques, excursões educativas e piscinas e o rendimento gerado é investido na gestão da floresta comunitária e dos locais para piqueniques.

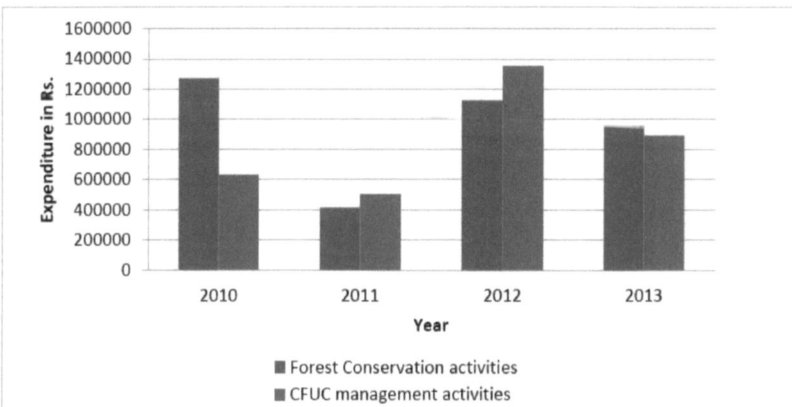

Figura 15: Despesas do FC com a gestão florestal e o comité CFUC

O gráfico mostra as despesas do FC em actividades de conservação das florestas e em actividades de gestão dos CFUC.

4.4.4 Perceção da população local sobre o regime de gestão do FC e a sustentabilidade

A organização frequente de reuniões mensais e a realização de discussões aprofundadas na reunião do comité executivo revelaram que o programa de silvicultura comunitária está a criar uma instituição eficaz a nível local. Durante o inquérito aos agregados familiares, foi pedido aos inquiridos que indicassem o seu nível de satisfação com a gestão florestal comunitária. 40% do total de HH inquiridos mencionaram que o FC aumentou as infra-estruturas rurais, 27% indicaram um aumento da geração de rendimentos e 33% indicaram um aumento da qualidade ambiental, como a promoção da vegetação, a conservação do solo e a proteção das fontes de água. No entanto, a maioria dos HH inquiridos indicou que a gestão florestal comunitária provocou conflitos sociais na utilização dos recursos (45%), limitou o livre acesso à floresta (40%) e limitou os produtos preferidos (15%).

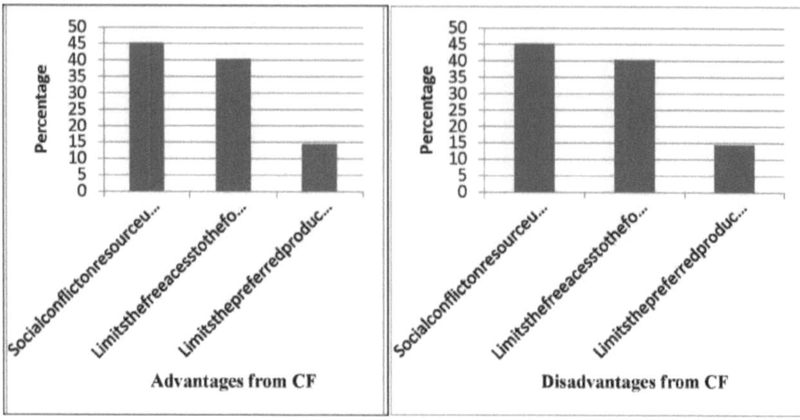

Figura 16 : Perceção das pessoas sobre as vantagens e desvantagens do FC

Do mesmo modo, 50% revelaram que deveriam utilizar fontes alternativas de energia, como o biogás, o briquete biológico, etc., 48% mencionaram que deveriam proteger a FC através de actividades de plantação e muito poucos indicaram a utilização de outras terras para tornar a FC sustentável. A fim de aumentar o rendimento florestal, 45% concordaram que o comité da FC deve aumentar a venda de madeira, 23% concordaram que deve haver comercialização de plantas medicinais, uma vez que a FC é enriquecida com vários tipos de plantas medicinais, 21% concordaram com a venda de folhas de sal, uma vez que se trata de uma floresta dominada pelo sal, e 11% concordaram que o comité da FC deve atrair mais turistas. Os resultados também demonstram uma redução notável nos tempos de recolha de produtos florestais. O tempo médio anual poupado foi de 10 dias. 45% dos HHs entrevistados utilizam esse tempo para realizar suas próprias atividades, 43% gastam seu tempo em outros trabalhos e alguns o gastam na criação de animais (12%) (Anexo 6).

4.4.5 Relação entre as desvantagens do FC e a distância do agregado familiar

As respostas variaram significativamente entre as categorias e foram significativamente (χ^2 = 88,45, df = 63, p = 0,018) associadas à distância do FC. A questão do conflito na utilização e gestão dos recursos foi proeminente nos inquiridos de agregados familiares distantes (Figura 17).

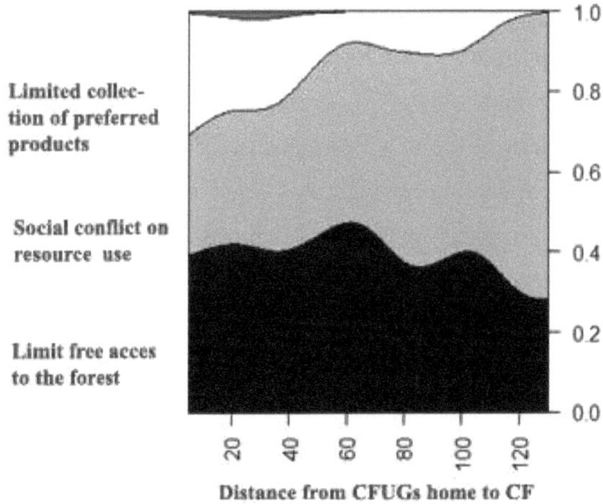

Figura 17 : Problemas dos CFUGs relacionados com a distância do agregado familiar ao CF (minutos)

4.4.5 Relação entre acesso a recursos e etnicidade

As respostas variaram significativamente entre as categorias e foram significativamente ($\chi^2 = 10{,}6$, df = 1, p = 0,00115) associadas à etnia. Por outras palavras, os membros das elites da sociedade aperceberam-se de um aumento do número de recursos do que as castas inferiores ou os grupos desfavorecidos.

4.5 Utilizações de recursos

4.5.1 Número de árvores

Na floresta comunitária de Kankali, o número de árvores variava consoante a parcela. O número médio de árvores foi de 28 por parcela (variação de 37 a 17). O número médio de árvores foi significativamente diferente entre as parcelas (p <0,05). O maior número de árvores registou-se no bloco 3 e no bloco 4.

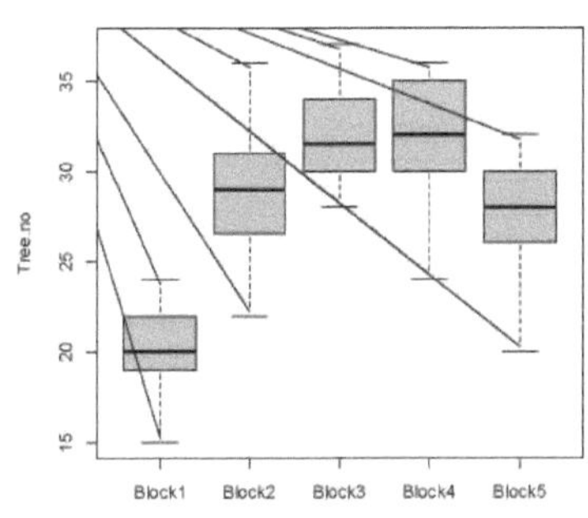

Figura 18: Relação entre o n.º de árvores e o bloco

4.5.2 Cortar cepos

Na área estudada, o maior número de cepos cortados foi encontrado no bloco 4 (117), seguido do bloco 3 (88) e o menor número de cepos cortados foi encontrado no bloco 2. Os cepos cortados variaram consoante a parcela e foram considerados significativamente diferentes (p<0,05). De igual modo, a densidade total de cepos cortados foi de 112 ind/ha

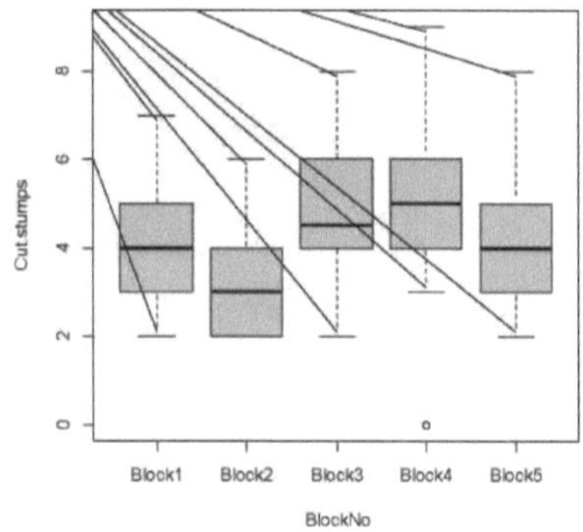

Figura 19: Relação entre cepos cortados e blocos

4.5.3 Relação entre os cepos cortados e o número de árvores:

Na área de estudo, o número de cepos cortados estava (positivamente) correlacionado (r=0,23) com o número de árvores. O número de cepos cortados aumentou quando o número de árvores era maior, mas não foi significativo (p-value <0,05).

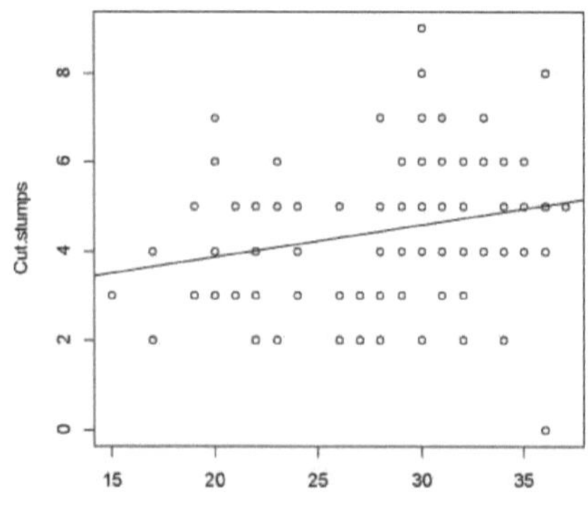

Figura 20 : Relação entre cepos cortados e número de árvores

CAPÍTULO 5

DISCUSSÃO

5.1 Estrutura da comunidade florestal e diversidade de árvores

A densidade, o volume e a área basal são os parâmetros-chave para compreender o estado atual da floresta (Gautam *et al.*, 2009). A densidade total da área estudada era de 690,22 árvores/ha, superior à densidade que variava entre 150-290 árvores/ha na floresta de Barandhabar, Chitwan (Shrestha, 2006). Timilsina (2006) verificou que a densidade média em todas as parcelas era de 220 árvores/ha no Terai ocidental do Nepal. A área basal média foi considerada inferior à área basal média (13,2 m^2 /ha) no Terai ocidental (Timilsina *et al.*, 2007). Este facto pode dever-se à menor densidade de árvores de médio e grande porte. A floresta com um valor mais baixo de área basal indica que a floresta é constituída por árvores jovens e está em regeneração (Bhattarai e Kindlmann, 2011). A área basal mais baixa observada na nossa área de estudo resultou de um povoamento muito baixo entre as classes de tamanho médio (ou seja, 10-40 cm DAP), apesar da presença de algumas árvores muito grandes. Do mesmo modo, a área basal das florestas de planície de Bhabar, na região central do Nepal, foi de (34,30 m^2 /ha), valor superior ao nosso resultado, o que indica que poderão ser árvores mais maduras/envelhecidas (Kunwar e Sharma, 2004).

O índice de valor de importância determina o grau de dominância de uma espécie na estrutura de um povoamento florestal. A floresta era dominada principalmente por *Shorea robusta* (154 %) e as outras espécies co-dominantes eram *Lagerstromiaparviflora* (35,7 %) e *Terminalia alata* (20,2 %). Da mesma forma, Subedi *et al.*, (2009) descobriram que *Shorea robusta* é a espécie mais dominante, com um valor de IVI de 102,45 na floresta comunitária de Dhuseri, 99,79 na floresta comunitária de Bhedawari e 174,4 % nas florestas de planície de Bhabar (Sapkota *et al.*, 2009). Assim, o seu elevado sucesso ecológico e a sua competência em relação a outras espécies associadas menos comuns na KCF.

O diagrama de classes de DAP mostrou uma curva em forma de J invertido, havendo uma maior dominância de árvores na classe de tamanho 10-20 cm (1566 árvores/ha). O resultado foi semelhante ao estudo (Puri *et al.*, 2010) no KCF, que revelou que a floresta era caracterizada por grandes densidades de árvores com menos de 20 cm de diâmetro. Assim, o resultado indicou que as florestas foram recentemente regeneradas com um maior número de árvores mais pequenas e jovens. Isto pode dever-se à sobre-exploração no passado (antes da gestão atual) de actividades antropogénicas, uma vez que as árvores de maior diâmetro são muito úteis para madeira comercial, lenha e actividades de construção.

A diversidade de espécies também é importante para refletir o tipo de comunidade, a fase de desenvolvimento da comunidade e a estabilidade da comunidade (Liyun *et al.,* 2006). Durante o período de estudo, foram identificadas 33 espécies de árvores de 19 famílias. No KCF, o índice de Shannon Weiner foi de 1,47, com um índice de dominância de Simpson mais baixo (0,55) e um índice de regularidade (0,422). Verificou-se uma elevada concentração da dominância numa única espécie dominante (ou seja, baixa equidade), o que foi indicado pelo valor mais elevado do índice de Simpson. A diversidade de espécies na floresta é quase semelhante em todos os cinco blocos. As interferências humanas e a variação na população de plantas não provocaram quaisquer alterações significativas na diversidade de espécies das plantas em diferentes blocos. Assim, a colheita irracional e as perturbações representam uma ameaça para a diversidade vegetal (Freemark *et al.,* 2001).

A riqueza total de espécies aumentou em relação à registada por Dallakoti e Kleinn (2008) no seu estudo de 2005 na mesma floresta. As perturbações nas comunidades vegetais, como o pastoreio por animais, o corte de erva e outras práticas de colheita de recursos, diminuem a dominância de algumas plantas, tornando o ambiente adequado à invasão de outras plantas e aumentando a riqueza de espécies de uma área (Gough e Grace, 1998).

5.1.1 Estado de regeneração

Na área de estudo, a densidade total de plântulas foi maior do que a densidade de mudas. Do mesmo modo, West *et al.* (1981) referiram que a densidade de plântulas deve ser superior à densidade de rebentos para um desenvolvimento demográfico normal. Isto pode dever-se à gestão existente que reduziu as perturbações e, por conseguinte, provavelmente fez com que as espécies de regeneração surgissem vigorosamente. No entanto, numa floresta madura com copa fechada, o estabelecimento das plântulas é limitado pela menor intensidade de luz na superfície do solo. Para além disso, a densidade de plântulas de Sal foi mais elevada em KCF, o que mostra que o potencial de regeneração destas espécies é bastante elevado. As plântulas de *Shorea robusta* estavam presentes em abundância, o que pode ser devido à folhada fina e à copa aberta. Uma vez que as plântulas de *Shorea robusta* exigem luz, verificou-se que o seu número aumentava com a diminuição do coberto arbóreo. O abate de árvores vivas para a produção de madeira e as práticas de gestão florestal também criaram uma lacuna no dossel e promoveram a regeneração de *Shorea robusta* através do aumento da penetração da luz (Anexo 5).

5.2 Condição socioeconómica

Na KCF, os rendimentos na exploração agrícola eram a principal fonte de rendimento, constituindo a agricultura (26,1%) e a criação de gado (20,2%), e as fontes fora da exploração agrícola incluíam o emprego nativo (15,8%) e os negócios (14,4%). O emprego estrangeiro (23,2%) foi também considerado uma importante fonte de rendimento. Assim, verificou-se que os CFUGs têm fontes de rendimento diversificadas. O rendimento dos CFUG variava entre 30 000 e 4 000 000 por ano. Isto pode resultar no facto de as pessoas com fontes de rendimento mais baixas dependerem mais dos produtos florestais (para forragem e lenha). Por outro lado, a suficiência de renda é um dos bons indicadores do bem-estar dos HHs. Com base na opinião das pessoas, verificou-se que os meios de subsistência da comunidade estão a melhorar no aspeto da suficiência de rendimento após o estabelecimento do FC (Figura 9).

No KCF, 73% dos agregados familiares inquiridos criavam gado e o maior número de animais observado era o búfalo, seguido da cabra. Mais de 60% da quantidade total necessária de forragem e forragem foi satisfeita pelo FC e o restante foi satisfeito a partir de terras privadas e terras agrícolas. Além disso, a relação entre o CN e o rendimento do gado estava positivamente correlacionada e era significativa, o que implica que a dependência do CF para a alimentação e criação do gado também era elevada.

As principais fontes de energia utilizadas são a lenha, o querosene, o gás GPL, etc. Um estudo efectuado sobre as caraterísticas dos agregados familiares, a dependência dos recursos florestais e a disponibilidade das florestas no Terai Central do Nepal sugeriu que o estatuto do rendimento dos agregados familiares era o principal indicador da dependência das florestas, enquanto os grupos pobres e médios eram altamente dependentes das florestas para lenha, forragem e outros produtos (Panta *et al.*, 2009). Do mesmo modo, no nosso estudo, verificámos que a relação entre o consumo de lenha e o rendimento total está positivamente correlacionada e é significativa ($p<0,5$). Além disso, o consumo de recursos como lenha e forragem variou significativamente em função do rendimento anual. Do mesmo modo, Sapkota e Oden (2008) revelaram que a quantidade de recolha de lenha variava muito entre os ricos e os pobres.

5.3 Práticas comunitárias de gestão florestal

A gestão florestal é definida como a aplicação dos conhecimentos adquiridos em todos os ramos da silvicultura e das ciências afins à gestão das florestas no interesse do homem (Jerram, 1983). Este estudo também revelou que a gestão adequada do fundo comunitário é crucial para a gestão sustentável da floresta comunitária e para a melhoria dos meios de subsistência, onde os recursos florestais têm um maior potencial económico na região do Terai. As pessoas da área de estudo dependiam dos recursos florestais para a sua subsistência, principalmente como fonte de lenha e forragem. Além disso, a redução do tempo diário gasto na recolha de produtos florestais tornou-se mais fácil do que antes. Da mesma forma, Birendra *et al.*, 2014, referiram que o tempo de recolha foi reduzido em 50% e 56% após a criação do FC.

O Comitê Comunitário de Grupos de Usuários Florestais é formado pelos CFUGs durante a assembléia geral. O CFUC estabeleceu certas regras sobre o acesso e a coleta de produtos florestais, tais como a proibição do pastoreio e a restrição da coleta de lenha, forragem, madeira e PFNMs, mas permitiu o pastoreio na borda da floresta. Eles tinham um período específico para a coleta de produtos florestais em seu plano; todos os membros do CFUG que quisessem madeira seca, galhos caídos para lenha e capim poderiam coletar durante o ano inteiro.

No que diz respeito à madeira, só estão autorizados a recolher uma vez por ano depois de pagarem por ela. O CFUC cobra um preço fixo pelos produtos florestais quando os vende dentro ou fora do grupo, e recolhe um fundo comunitário utilizando um sistema de gestão de abordagem participativa. Para além disso, o CFUC também compra madeira adicional aos CFUGs vizinhos para vender aos seus próprios membros. Embora o preço prescrito dos produtos florestais para os pobres e para os ricos seja diferente, existem também questões de conflito na utilização dos recursos. O teste do qui-quadrado demonstrou que a perceção desta afirmação diferia significativamente (p = 0,00115) com as condições sociais dos inquiridos. Por outras palavras, os membros das elites da sociedade percepcionaram um aumento do número de recursos do que as castas inferiores ou os grupos desfavorecidos.

A floresta comunitária de Kankali é uma floresta dominante de sal. O sal é a árvore mais valiosa, pois fornece boas forragens, folhagem, lenha e madeira (Negi, 1994; Storrs e Storrs, 1998). Sendo uma espécie arbórea importante, os CFUGs dão prioridade ao crescimento do sal nas florestas. Os CFUGs adoptam um regime de gestão rígido para regenerar o sal se houver uma percentagem menor de composição de sal nas florestas (Pokhrel, 2011). A questão mais ameaçadora em termos de conservação da biodiversidade é a preferência dos utilizadores pelas espécies de árvores e arbustos (Acharya, 2003b). Assim, pode inferir-se que a atual estratégia de gestão florestal tem sido orientada principalmente para a produção de produtos de madeira. Além disso, as populações de espécies arbóreas como Khair e Padke eram mais baixas, pelo que se trata de espécies raras. Por isso, estas espécies não devem ser colhidas durante a recolha de forragem pelos FUGs. A remoção de espécies de árvores indesejadas durante as operações florestais pelas comunidades incentiva a regeneração das espécies preferidas (Pandey, 2014). Por conseguinte, a continuidade das práticas de gestão existentes para obter benefícios económicos pode levar à redução das espécies não preferidas.

Acharya (2004) revelou que as fases subsequentes que se centram numa gestão orientada para a produção sem ter em conta as implicações ecológicas podem ter um impacto negativo na biodiversidade florestal a longo prazo. Assim, analisando os resultados, podemos dizer que a gestão da FC tem como principal objetivo suprir as necessidades domésticas de lenha, forragem, folhagem, madeira e outros produtos florestais não lenhosos. Do mesmo modo, a prioridade atribuída pelos CFUGs ao objetivo de melhoria económica pode ter efeitos adversos na biodiversidade da FC se as actividades de gestão não forem devidamente ajustadas. Os CFUGs conseguiram gerar fundos de fontes florestais e não florestais. Estes fundos estão a ser utilizados para a conservação das florestas e para actividades de desenvolvimento comunitário (Kanel, 2004), por exemplo, programas de desenvolvimento do turismo, construção de estradas rurais, apoio escolar e água potável. A KCF investiu os rendimentos da floresta num parque verde (local para piqueniques), numa piscina que rende taxas de entrada e no aluguer de pequenas cabanas para piqueniques. Além disso, também investiram em actividades geradoras de rendimentos, como a piscicultura, o artesanato e o investimento em empréstimos para o desenvolvimento de microempresas. O resultado mostra que o rendimento da floresta comunitária está a aumentar de forma consistente com a venda de madeira e lenha. O rendimento mais elevado registou-se em 2012, o que pode dever-se à construção da linha de transmissão (no Bloco 4 e no Bloco 5), que provocou a queda de mais árvores. Do mesmo modo, a venda de lenha para actividades recreativas no parque verde (local de piquenique) também provocou um aumento do rendimento da floresta.

O número de cepos cortados na floresta indica o processo de corte e as perturbações humanas. O número de cepos cortados foi positivamente correlacionado com a densidade das árvores. Assim, a utilização dos recursos (práticas de corte) segue práticas de gestão sustentável. Isto significa que a abordagem selectiva do corte de árvores foi feita em função do maior número de árvores (densidade). Montes (2004) referiu que a falta de tratamentos silvícolas sustentáveis e o desbaste conduziram a florestas densas de talhadia, onde, nestas condições, o crescimento das plântulas foi reduzido. Por conseguinte, as práticas de corte no KCF podem ter apoiado o dossel aberto que levou a um aumento do crescimento das plântulas em comparação com o crescimento das mudas.

CAPÍTULO 6

CONCLUSÃO E RECOMENDAÇÃO

6.1 Conclusões

A floresta comunitária de Kankali é dominada principalmente por Shorea robusta 154% IVI, seguida por *Terminalia alata, Lagestromiaparviflora, Carea arborea*, etc. Foi identificado um total de 33 espécies de árvores de 19 famílias e 30 géneros, o que revelou que a floresta era floristicamente mais pobre do que outros estudos. A presença de uma elevada densidade de árvores com menos de 20 cm e uma área basal inferior conclui que a floresta é jovem e está em regeneração, e a presença de uma menor densidade de árvores de médio e grande porte. Assim, a ausência de árvores de grande porte da classe DBH pode ter sido suportada pelas actividades antropogénicas no passado, ou seja, antes do manuseamento para os CFUGs.

O índice de diversidade de Shannon (H) foi de 1,47. Verificou-se uma elevada concentração da dominância numa única espécie dominante (ou seja, baixa equidade), o que é indicado pelo valor mais elevado do índice de Simpson. O estudo forneceria informações de referência que poderiam ser úteis para apoiar a conservação da diversidade das árvores e a gestão sustentável. A regeneração de plântulas é elevada, com uma maior densidade de plântulas do que de rebentos. O estudo mostrou que um grande número de plântulas morre antes de entrar na classe de tamanho superior (em altura).

O grupo comunitário de utilizadores florestais de Kankali tinha fontes de rendimento diversificadas que podem reduzir a pressão sobre os produtos florestais. Uma vez que o rendimento dos CFUGs variava, verificou-se que os HHs de rendimento mais baixo dependiam mais dos produtos florestais, como lenha e forragem, em comparação com os CFUGs de rendimento mais elevado. Do mesmo modo, quase 73% dos HHs que criam gado mostraram que dependem de produtos florestais para satisfazer suas necessidades de subsistência. Assim, verificou-se que os grupos comunitários de utilizadores da floresta têm uma perceção positiva da PCP devido ao aumento da infraestrutura rural, à geração de rendimentos (oportunidades de emprego) e à qualidade ambiental (promoção da vegetação, conservação do solo e proteção das fontes de água). No entanto, a maioria dos HH inquiridos indicou que as questões de conflito na utilização e gestão dos recursos eram proeminentes nos inquiridos com base na distância e na etnia. O estado de diversidade existente das árvores e a diversidade das plântulas depende das actividades de gestão florestal. Verificou-se que a FC está ameaçada de perda de biodiversidade das espécies arbóreas porque as outras árvores não produtoras de madeira são as menos prioritárias na abordagem de conservação. A população local tende a remover espécies indesejadas ou não preferidas de todos os tamanhos quando efectua operações de silvicultura que alteram a riqueza de espécies e a estrutura das florestas. Por isso, demonstrou-se que estão inclinados para a monocultura de espécies de elevado valor económico e para o verde da floresta.

A partir dos resultados, conclui-se que o PCP tem sido bem sucedido na conservação da floresta, contribuindo para actividades de desenvolvimento comunitário, tais como a construção de estradas rurais, apoio escolar, água potável, programas de desenvolvimento turístico, etc., e melhoria dos meios de subsistência da população local através de uma gestão sustentável. No entanto, o aumento da densidade do sal pode conduzir a uma floresta dominada por uma única espécie e a espécies ameaçadas de baixo valor madeireiro. Como resultado, a floresta tornar-se-ia monótona, com árvores altas e grandes de uma única espécie. Devem ser incentivados os mecanismos baseados em incentivos relacionados com a sensibilização para a importância da biodiversidade e a atualização da informação de base sobre questões de biodiversidade, abordando a situação atual, as tendências e as ameaças, a identificação de espécies ameaçadas e o estudo da sua distribuição, bem como o registo e a inscrição da biodiversidade ao nível dos FUG.

6.2 Recomendações

1. O programa de sensibilização sobre a conservação da biodiversidade na FC deve ser conduzido para o CFUC (responsável local pela floresta), o que ajudará a compreender a importância das árvores de diferentes espécies e a conservação do equilíbrio da natureza saudável.

2. A criação de oportunidades especiais de geração de rendimentos para os membros mais pobres, particularmente os sem-terra que dependem da FC, deve ser considerada no âmbito mais alargado da política florestal comunitária.

3. Alternativas como a agro-silvicultura, o biogás, os briquetes biológicos e a energia solar devem ser incentivadas entre os utilizadores, a fim de reduzir a sua dependência da floresta para satisfazer as suas necessidades, o que permitirá que a floresta cresça no seu melhor.

REFERÊNCIAS

Acharya, K.P. (2002). Twenty-Four Years of Community Forestry in Nepal (Vinte e quatro anos de silvicultura comunitária no Nepal), *International Forestry Review.* 4(2):149-156.

Acharya, K.P. (2003). Sustainability of support for community forestry in Nepal (Sustentabilidade do apoio à silvicultura comunitária no Nepal). *Forest, Trees and Livelihoods,* 13(3): 247-260.

Amacher,G.S., Hyde,W.F. e Kanel, K.R.(1996). Household fuelwood demand and supply in Nepal's terai and midhill: Choice between cash outlays and labor opportunity. *World Development,* 24(11):1725-1736.

Bhattarai, B. e Kindlmann, P. (2011). Impacto do pastoreio de gado na vegetação e nos ungulados selvagens na floresta do corredor de Barandabhar, Nepal In: Himalayan. Biodiversity in the changing world, edição de Pavel, Springer, Dordrecht, no prelo.

Branney, P. e K. P. Yadav. (1998). Changes in community forestry condition and management 1994-1998: Analysis of information from the forest resource assessment study and socioeconomic study in the Koshi Hills, Nepal. Nepal UK Community Forestry Project, Katmandu, Nepal.

Brown, D. (2002) Forestry as an Entry Point for Governance Reform, *Odi Forestry Briefing* Number 1, DFID UK.

CBD (1992). A Convenção sobre a Diversidade Biológica. Retirado de http://www.biodiv.org/convention

CBS (2001). Gabinete Central de Estatística: Population and National Census 2001. Relatório nacional, Katmandu, Governo do Nepal.

Chhetri, R. e Bhattarai, P. (2013). Composição florística e diversidade na Área de Conservação do Alto Manaslu, Nepal Central. *Asian Journal of Conservation Biology*, 12(2):111-121.

DoF (2014). Departamento de Florestas do Nepal: Situação da silvicultura comunitária, registos da base de dados dos grupos de utilizadores das florestas comunitárias. Divisão da Silvicultura Comunitária.

Dev, O. P., Yadav, N. P., Springate-Baginski, O. e Soussan, J. (2003). Impacts of Community Forestry on Livelihoods in the Middle Hills of Nepal (Impactos da Silvicultura Comunitária nos Meios de Subsistência nas Colinas Médias do Nepal). *Journal of Forest andLivelihoods3(1):64-* 77.

DFRS (1999). The forest resources of Nepal (Os recursos florestais do Nepal*).* Department of Forest Resources and Survey. Kathmandu, Nepal.

DFID (1999). *Sustainable Livelihood Guide Sheet.* http://www.eldis.ors/go/livelihoods

FAO (1978). Silvicultura: a declaração de Jacarta (oitavo congresso florestal mundial, outubro de 1978).

Fisher, R.J. (1989). Indigenous System of Common Property Forest Management in Nepal (Sistema indígena de gestão florestal de propriedade comum no Nepal). Documento de trabalho n.º 18. Honolulu, Hawaii: Instituto de Política e Ambiente, East-West Centre.

Fisher, R. J., Singh H. B., Pandey D. R. e Lang, H. (1989). A gestão dos recursos florestais no desenvolvimento rural: A case study of Sindhu Palchok and Kabhre Palanchok Districts of Nepal. Documento de discussão n.º 1, Mountain Populations and Institutions. Kathmandu, Nepal: ICIMOD.

Franklin, J.F., Spies, T.A., Pelt, R.V., Carey, A.B., Thornburgh, D.A., Berg, D.R., Lindenmayer, D.B. e Harmon, M.E. (2002). Distúrbios e desenvolvimento estrutural de ecossistemas florestais naturais com implicações silviculturais, usando florestas de Douglas-fir como exemplo. *Forest Ecology Management,* 155: 399-423.

Freemark, K.E., C. Boutin e C.J. Keddy. (2001). Importância do habitat das terras agrícolas para a conservação das espécies vegetais 16(2):399-412.

Gautam, S.K., Y.P. Pokhrel, K.R. Goutam, S. Khanal e R.K. Giri. (2009). Forest Structure in the Far Western Terai of Nepal: Implications for Management. *Banko Janakari,* 20(2): 21-25.

GdN (1995). Lei das Florestas, 1993 e Regulamento das Florestas, 1995

GdN (2009). Quarto Relatório Nacional para a Convenção sobre a Diversidade Biológica. *In:* Governo do Nepal, Ministério das Florestas e da Conservação dos Solos. Kathmandu, Nepal.

Gough, L. e Grace J. B. 1998. Herbivore effects on plant species density at varying productivity levels. *Ecology,* 79:1586-1594.

HMGN/MFSC (2002). Estratégia de Biodiversidade do Nepal, 50- 60.

HMG/DoF (2005). Forest cover change analysis of the Terai districts 1990/91- 2000/01. Kathmandu: Departamento de Florestas, Ministério das Florestas e da Conservação dos Solos.

Jayakumar, R. e K. K. N. Nair. (2013) Diversidade de espécies e padrões de regeneração de árvores em florestas tropicais do Ghat ocidental da Índia. Hindawi Publishing Corporation. http://dx.doi.org/10.115/890862.

Jerram, M.R.K. (1983). A text-book on Forest Management. International Book Distributors, Dehradun, Índia (reimpressão).pp 156.

Kanel, K.R. (2004). *Twenty Five Years of Community Forestry: Contribuição para os Objectivos de Desenvolvimento do Milénio. Quarto Workshop Nacional sobre Silvicultura Comunitária.*

Procedimentos do Quarto Workshop sobre Silvicultura Comunitária. Kathmandu, Nepal: Divisão de Silvicultura Comunitária, DOF.

Kanel, K.R. e Niraula D.R. (2004). Can rural livelihood be improved in Nepal through Community forestry? Banko Jankari, 14(1).

Karna, B. K., Gyawali, S. e Karmacharya, M. (2004). *Forest condition change: Evidence from five revisited community forests*. Documento preparado para o Fourth National Community Forestry Workshop, Department of Forests, Kathmandu, Nepal.

Koirala, M. (2004). Composição e diversidade da vegetação da microbacia hidrográfica de Piluwa na região de Tinjure-Milke, leste do Nepal. *Himalayan Journal of Sciences, 2*(3):29-32.

Krauss, J., Bommarco, R., Guardiola, M., Heikkinen, R. K., Helm, A., Kuussaari, M. e Pino, J. (2010). Habitat fragmentation causes immediate and time delayed Biodiversity loss at different trophic levels. *Ecology Letters,* 13(5): 597-605.

Kumpakha, B. (2008). Utilização de recursos, meios de subsistência e conservação da biodiversidade no parque nacional de Shivapuri - Um caso de Sundarijal VDC. Dissertação de mestrado. Departamento de Ciências Ambientais, Khwopa College, Bhaktapur, Kathmandu, Nepal.

Lan, S. (2003). Diversidade de espécies vegetais na reserva natural nacional de Wuyishan. *Scientia silvae Sinicae,* 29:36-43.

Lawbuary, J. (1999). Reclaiming the Forests? People's Participation in Forest Management, East India, Apresentado em cumprimento parcial do BSc. (Hons.) Human Environmental Science, King's College, Londres http:// www.ganesha.co.uk/JoPubWeb/Frontdiss.htm

Liyun, M., Xiaoan, W. e Zhigao, W. (2006). Estudos sobre a diversidade de espécies do ecótono da comunidade Larix chinensis. *Frontiers of Biology in China,* 2:163 -167.

Malla, Y.B. (2000) Impact of community forestry policy on rural livelihoods and food security in Nepal. *Unasylva* 51(3), 37-45.

Mc Neely, J. A. (1994). Lessons from the past: forest and biodivesity (Lições do passado: floresta e biodiversidade). *Biodiversity and Conservation,* 3: 3-20.

Negi, S.S. (1994). Forests and Forestry in Nepal, Ashish Publishing House, New Delhi.

Estratégia de Biodiversidade do Nepal (2002). Ministério das Florestas e da Conservação dos Solos. Kathmandu, Nepal.

Nepal, M., Bohara, A.K. e Berrens, R.P. (2007). The impacts of social network and household forest conservation efforts in rural Nepal (Os impactos da rede social e dos esforços de conservação das florestas domésticas no Nepal rural). *Land Economics,* 83(2):174.

Ojha, S.K., Acharya, K.P., Acharya, B. e Regmi, R. (2008). Opções simples de gestão de talhadia para as florestas de sal *(Shorea robusta* Gaertn.f.) no Terai do Nepal. *Banko Jankari,* 18 (1): 32-41.

Oliver, C. D. e Larson, B. C. (1990). *Forest stand Dynamics,* Nova Iorque, McGraw-Hill Pub.Co.

Pandey, S. S., Maraseni, T. N., Cockfielda, G. e Gerhard, K. (2014). Diversidade de espécies de árvores em florestas geridas pela comunidade e parques nacionais em Mid-Hills do Nepal Central. *Journal of Sustainable Forestry,* 19-26.

Panta, M., Kim, K. e Lee, C. (2009). Households' Characteristics, Forest Resources Dependency and Forest Availability in Central Terai of Nepal (Caraterísticas dos agregados familiares, dependência dos recursos florestais e disponibilidade florestal no Terai Central do Nepal). *Jornal da Sociedade Florestal Coreana,* 98: 548-557.

Pokhrel, B.K., H.R. Ojha. e D. Paudel. (2005). *Assessing development space and outcomes in conflict situation*: A reflection from Nepal Swiss Community Forestry Project. Nepal Swiss Community Project, Kathmandu Nepal.

Pokharel, R.K. (2011). Factores que influenciam o regime de gestão da silvicultura comunitária do Nepal, Forest Policy and Economics. doi:10.1016/j.forpol.2011.08.002

Pokharel, B. K. e Nurse, M. (2004). Forests and Peoples' Livelihoods: Benefitting the Poor from Community Forestry. *Journal of Forest and Livelihoods* 4(1): 19-29.

Puri, L., Meilby, H., Rayamajhi, S., Timilsina, Y.P. e Subedi, R. (2010) Growth and Volume based on permanent sample plots in forests managed by communities. *Banko Janakari,* 22(2):11- 18.

Sagar, R., Raghubanshi, A. S. e Singh, J. S. (2003). Composição, dispersão e diversidade das espécies arbóreas ao longo de um gradiente de perturbação numa região de floresta tropical seca da Índia. *Forest Ecology and Management,* 186: 61-71.

Sapkota, I.P. e Oden, P.C.(2008). Household characteristics and dependency on Community forests in Terai of Nepal (Caraterísticas do agregado familiar e dependência das florestas comunitárias no Terai do Nepal). *International Journal of Social Forestry,* 1(2):123-144.

Sapkota, I. P., Tigabu, M. e Oden, P. C. (2009). Tree diversity and regeneration of community-managed Bhabar lowland and Hill Sal forests in central region of Nepal (Diversidade arbórea e regeneração de florestas de Bhabar de planície e de Sal de colina geridas pela comunidade na região central do Nepal). *Bois et forets Des tropiques.*300.

Saxena, A. K. e Singh, J. S. (1984). Tree population structure of certain Himalayan forest associations and implications concerning their future composition. 58: 61-69.

Shannon, C. E., e Weiner, W. (1963). *The Mathematical Theory of Communication.* University of Illinois Press, Urbana, EUA. 117.

Sharma, A. R. (2000). *Glamour e dificuldades da silvicultura comunitária: Impact on Income Distribution.* Banko Jankari (10) 2: 27-31.

Sharma, N.N. e Acharya, B. (2004). *Good governance in Nepal's community forestry: Traduzindo o conceito em ações.* Um documento apresentado no Fourth National Community Forestry Workshop (Quarto Workshop Nacional de Silvicultura Comunitária), Kathmandu.

Shrestha, B. (2010). Community Forest Managements practices in far- western lowlands of Nepal (Práticas de gestão florestal comunitária nas planícies do extremo oeste do Nepal). *Banko Jankari,* 18(2):25-34.

Shrestha, B. B. (2006). Colheita de lenha, gestão e regeneração de duas florestas comunitárias no Nepal Central. *Himalayan Journal of Sciences,* 3:75-80.

Shrestha, R.B. e Sharam, A.R. (2004). Sustainable Management of Communtiy Forestry: towards betterment of rural communities (Manejo Sustentável da Silvicultura Comunitária: para a melhoria das comunidades rurais). In proceedings Fourth National Workshop on Community Forest. Publicado pela Community Forest Division, Kathmandu Nepal.

Simpson, E. H. (1949). Measurment of Diversity (Medição da Diversidade). *Nature,* 163:688-688.

Springate-Baginski, O., Soussan J., Dev O.P., Yadav N.P. e Kiff, E. (1998). Community Forestry in Nepal: Sustainability and impacts on common and private property resource management, report on first phase of field research, Environmental Centre, Leeds University/NRI/NUKCFP.

Stainton, J.D.A. (1972). Forests of Nepal: Hafner.

Stone, J. N. e Porter, J. L. (1998). What is forest stand structure and How to measure it ? *Ciência do Noroeste,* 72(2): 25-28.

Storrs, A. e Storrs, J., (1998). Trees and shrubs of Nepal and the Himalayas (Árvores e arbustos do Nepal e dos Himalaias). Feira do Livro, Deli. Subedi, G., Khatiwada, B., Bhattarai, S. e Acharya, K. P. (2009). Composição da floresta, colheita de lenha e estado de regeneração em quatro florestas comunitárias do Nepal Central. *Scientific world,* 7(7):53-58.

Subedi, M. N. e Shakya, P. R. (1999). Productions dynamics, conservation and management implications of Quercus semecarpifolia Sm. forest on Mount Phulchoki, Central Nepal. *Indian Journal of Ecology,* 26: 97-106.

Timilsina, N. H. *(2006).* Forest Structure Under Different Management Regimes in the Western Lowlands of Nepal (Estrutura florestal sob diferentes regimes de gestão nas terras baixas ocidentais do Nepal). *Journal of Sustainable Forestry,* 26:112-131.

Timilsina, N. P. e Khanal, D. (2007). How are forest policy decisions made in Nepal? *Journal of Forest and Livelihood,* 6 (1): 1-16.

Timilsina,N., Ross, S.M. e Heinen, J.J. (2007). A communtiy analysis of Sal (Shorea robusta) forests in Western Terai of Nepal. *Forest ecology and management,* 24:223-334.

WECS (2006). *Energy synopsis report.* Secretariado da Comissão da Água e da Energia, Katmandu, Nepal, 7- 489.

West, D. C., Shugart, H.H. e Ranney, J.W. (1981). Population structure of forests over a large area. *Forest Ecology and Management,* 230:136-150.

Yadav, U. K. R., Jha, P. K., Behan, M. J. e Zobel, D.B. (1987). A Practical Manual for Ecology, Ratna Book Distributors, Kathmandu, Nepal.

Zobel, D. D., Jha, P. K., Behan, J. M. e Yadav, U. K. R. (1987). A Practical Manual for Ecology, Kathmanudu, Nepal, Ratna Book Distributor.

ANEXOS

Anexo 1: Questionário para o inquérito aos agregados familiares

VDC:

Nome: **Localidade:**

Idade (sexo): **Etnia:**

1. Dimensão do agregado familiar:

2. Escolaridade do chefe do agregado familiar:

Sexo masculino: a) Analfabeto b) Alfabetizado c) SLC d) Acima de SLC

Feminino: a) Analfabeto b) Alfabetizado c) SLC d) Acima de SLC

Outros membros da família:

Idade	**Profissão**	**Formação académica**	**Rendimento mensal**
....	....	....	
....	....	....	

3. **Fontes de rendimento**

S.N.	**Fontes de rendimento**	**Montante por ano**
1	Agricultura	
2	Negócios	
3	Serviços	
4	Emprego no estrangeiro	
Total		

3.1 Durante quantos meses o seu rendimento é suficiente para a família?

S.N.	**Passado**	**Presente**
1.	Durante todo o ano	Durante todo o ano
2.	9-11 meses	9-11 meses
3.	6-8 meses	6-8 meses
4.	Menos de 6 meses	Menos de 6 meses

4. **Informações sobre o gado**

4.1 Pecuária (dimensão do efetivo)

Pecuária	Número
Vaca	
Búfalo	
Cabra	
Porco	
Galinha	
Outros	

4. 2 Técnica de alimentação do gado

Técnica de alimentação	
Alimentação no estábulo	
Pastoreio	
Ambos	

4.3 Como é que fornece forragem ao seu gado?

Tipo de alimentação	Fontes	Quantidade/mês
Erva rasteira		Kg
Forragem florestal		Kg
Forragem		Kg

a. Fontes :

1) Terras privadas

2) Floresta comunitária

3) Floresta governamental

4) Floresta arrendada

5. Informações sobre a agricultura

5.1. Posse de terras pela família ?

a) Khet : .... b) Bari: ....

c) Outros terrenos ....

5.2 Quais são as principais culturas cultivadas no seu terreno?

a) Arroz b) Trigo c) Milho

d). Cana-de-açúcar e) Outros

6. Informação sobre energia

Fontes	Consumo por mês	Tempo de recolha
Lenha	Kg	
Produtos agrícolas	Kg	
Eletricidade	Unidade	
Querosene	Litros	
Gás GPL	Cilindro	
Outros		

6.1 De onde obtém a lenha e indique o consumo anual? (1 bhari = 30 kg)

Fontes	Consumo anual de lenha
Floresta comunitária	
Floresta Nacional	
Floresta privada	
Outros	

6.2 A que distância fica o FC do seu bairro?

Tempo_ horas __ e minutos

6.3 Quem é que vai principalmente buscar a lenha?

(Homens/ Mulheres)

6.4 O estabelecimento do FC poupou-lhe tempo na recolha de produtos florestais?

a) Sim b) Não

Em caso afirmativo, quanto tempo é poupado?

a) _______________ b) Sem economia de tempo

6.5 Para que fins utiliza esse tempo poupado?

a) Trabalho doméstico b). Educação

c) Criação de gado d) Outros empregos

6.6 O que é principalmente recolhido da floresta?

a) Lenha b) Forragens c) Madeira

d) Medicina e) PFNL f) Outros

6.7 Que produto florestal contribui diretamente para a geração de rendimentos?

a) Madeira b) PFNL c) Forragem

d) Medicamentos e) Lenha f) Outros

6.8 Qual é a espécie de árvore mais utilizada para satisfazer as necessidades do seu agregado familiar em termos de

S.N.	**Produtos florestais**	**Espécies vegetais preferidas**
1.	Lenha	
2.	Lenha	
3.	Forragem	
4.	NTFPS	
5.	Medicina	
6.	outros	

Por favor, classifique de mais preferido a menos preferido

1 . ...

2 . ...

3 . ...

4 . ...

5 . ...

6.9 Gosta do programa Floresta Comunitária? (Sim/Não)

6.10 Quais são as mudanças na comunidade após o programa de FC?

a) Aumentar a geração de rendimentos

b) Maior consciencialização

c) Aumento das infra-estruturas rurais

d) Alterações ambientais (ar fresco, água fresca)

e) Outros (especificar)

6.11 Quais são, na sua opinião, as desvantagens deste programa?

a) Limita o livre acesso à floresta

b) Limita a coleção de produtos preferidos

c) Conflitos sociais na utilização e gestão dos recursos

d) Outros

6.12 O programa CF apoiou o empoderamento das mulheres?

a) Sim b) Não

Se sim,

a) Educação b) Geração de rendimentos

c) Exposição social d) Outros

7. **Gestão na FC**

7.1 Com que frequência se abre a porta para recolher lenha?

a) Uma vez por semana

b) Uma vez por mês

c) Uma vez em 6 meses

d) Uma vez por ano

7.2 Que mudanças notou no estado das florestas após a formação da FC?

a) Melhorou ligeiramente b) Melhorou rapidamente

c) Sem alterações d) Pior do que antes

7.3 O que pensa sobre a extração de recursos da floresta comunitária?

a) Abastecimento sustentável b) Abastecimento mais do que sustentável

c) Oferta inferior à sustentável

7.4 Se a oferta não é sustentável, como pode ser sustentada?

a) Plantação de árvores

b) Utilização de energias alternativas

c) Utilização de floresta privada

d) Outros (especificar)

7.6 Os membros do CFUG podem ter acesso à madeira para as suas necessidades pessoais?

7.7 Sabe qual é o rendimento anual total desta floresta comunitária?

7.8 Quais são as actividades de desenvolvimento adoptadas pela FC?

a) Serviços de saúde

b) Educação

c) Programa de desenvolvimento

d) Empoderamento das mulheres

e) Instalações hídricas

Anexo 2: Lista de controlo para a discussão dos grupos de discussão

1. Qual é o principal objetivo do seu FC?
2. Como é gerida a FC e quem a tem gerido?
3. Enumere os nomes das espécies de árvores disponíveis em CF?
4. Como é efectuada a gestão da vegetação? Quem é que costuma tomar este tipo de decisões?
5. Quais são as actividades empreendidas para a seleção das espécies?
6. Quais são as espécies preferidas pelos CFUGs e existe alguma espécie especial protegida/específica?
7. É necessário conservar todas as espécies de árvores?
8. Qual é o rendimento anual do FC e quais são as suas fontes?
9. Em que domínio são investidas as receitas do FC?
10. Para aumentar o rendimento do FC, o que deve ser feito?
11. Quais são as actividades da FC e quais as actividades especiais realizadas? Com que objetivo investem o dinheiro (receitas) cobrado pelo FC?
    a) Serviços de saúde
    b) Educação
    c) Programa de desenvolvimento
    d) Empoderamento das mulheres

11. Está satisfeito com a gestão das regras/do FC? Em caso afirmativo, porquê ou, em caso negativo, porquê?

12. Quais são as caraterísticas especiais da FC em relação a outras FC ou a FC próximas?

Anexo 3: Gráfico de pizza mostrando a família das diferentes espécies de árvores

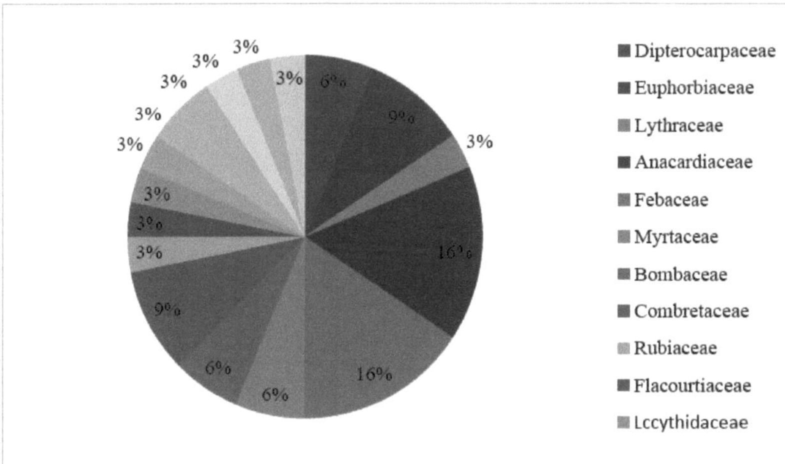

Anexo 4: Apresentação das principais fontes de rendimento dos agregados familiares do CFUG estudado

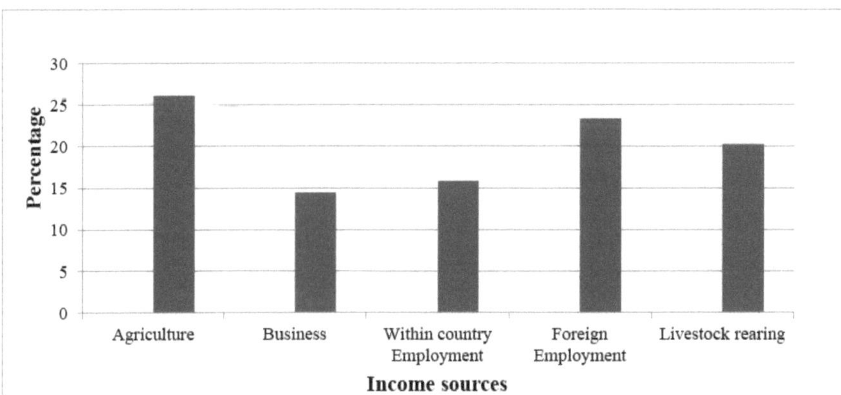

Anexo 5: Relação do nº de plântulas com a copa das árvores

Anexo 6: Desvantagens do FC

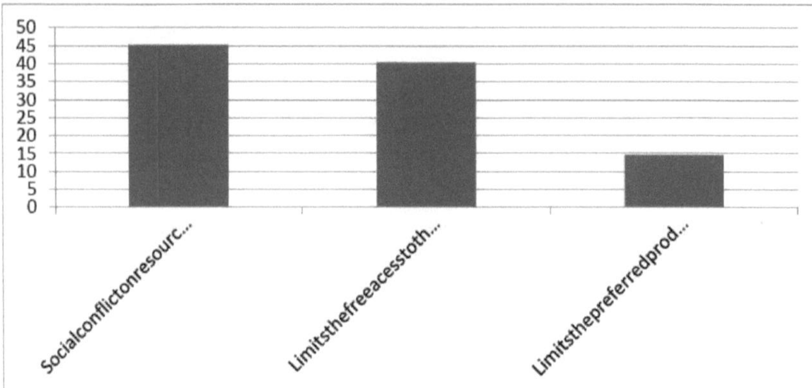

Anexo 7: Quadro do teste de correlação

Teste de correlação	**Valor t (Df=185)**	**valor de p**
Total CN, Rendimento do gado	14.178	<2.2e-16
Consumo anual de lenha, Consumo de lenha a partir de CF	9.7	<2.2e-16
Consumo anual de lenha, Consumo de lenha da PL	1.30	0.194
Utilização de recursos e etnicidade	1,037(df=1)	<0.05

Anexo 8 : Espécies de árvores com família no KCF

Nome das árvores	Nome local	Família
Shorea robusta	Sal	Dipterocarpaceae
Sapium insigne	Khirro	Euphorbiaceae
Lagestromia parviflora	Botdhaero	Lythraceae
Semicarpus nnacardium	Bhalayo	Anacardiaceae
Cassia fistula	Rajbrikshya	Febaceae
Carea arborea	Kyamuno	Myrtaceae
Dalbergia sissoo	Sissoo	Febaceae
Embica officianalis	Amala	Euphorbiaceae
Acácia catechu	Khayer	Febaceae
Bombax ceiba	Botdhaero	Bombáceas
Syzyium cumini	Jamuno	Myrtaceae
Terminalia alata	Saaj	Combretáceas

Adina cardiflora	Carma	Rubiáceas
Terminalia bellerica	Barro	Combretáceas
Albizia spp	Siris	Febaceae
Casearia graveolens	Badkule	Flacourtiaceae
Careya arborea	Kumbhi	Lccythidaceae
Carnus oblonga	Lati Kath	Cornáceas
Spondia pinnata	Amaro	Anacardiaceae
Mudhuca longifolia	Mahuwa	Sapotáceas
Murraya koenigii	Asare	Combretáceas
Dillenia pantaguana	Tantari	Dipterocarpaceae
Magnifera indica	Manga	Anacardiaceae
Buchanania latifolia	Piyari	Anacardiaceae
Garuga pinnata	Dabdabe	Anacardiaceae
Albizia lucida	Padke	Febaceae
Schima wallichi	Chilaune	Theaceae
Grevillea robusta	Kangyo	Proteáceas
Myrsine semiserrata	Kali Kath	Anonáceas
Terminalia chebula	Harro	Bombáceas
Mallotus philipinensis	Sindure	Euphorbiaceae
Acácia auriculus	Aauri	
Michelia champaca	Campeão	Magnóliaceae

Anexo 9: Consumo anual de lenha de PL e CF

Floresta	Interceção	valor de p
CF	608.535	<2e-16
PL	1141.23	0.195

Anexo 10: Composição arbórea da floresta com valores de IVI

S.N.	Nome das árvores	Nome local	Densidade (n.º/ha.)	Área basal relativa (%)	Frequência	Índice do Valor Importante (IVI)
1	*Shorea robusta*	Sal	453.02	67.28	100	157.19
2	*Lagestromia parviflora*	Botdhaero	62.36	8.69	73.62	35.60
3	*Terminalia alata*	Saaj	50.82	4.58	34.06	20.21

4	*Carea arborea*	Kyamuno	23.07	3.63	32.96	14.98
5	*Semicarpus annacardium*	Bhalayo	19.78	3.18	30.76	13.52
6	*Sapium insigne*	Khirro	14.56	2.04	13.18	7.35
7	*Cassia fistula*	Rajbrikshya	11.81	1.86	27.47	10.24
8	*Syzygium cumini*	Jamuno	7.14	1.10	15.38	5.87
9	*Mallotus philipinensis*	Sindure	5.49	0.95	8.79	3.88
10	*Buchanania latifolia*	Piyari	5.21	1.25	9.89	4.41
11	*Acácia catechu*	Khayer	4.39	0.46	4.39	2.17
12	*Dalbergia sissoo*	Sissoo	4.39	0.54	8.79	3.31
13	*Grevillea robusta*	Kangyo	4.41	0.54	5.49	2.51
14	*Gasearía graveolens*	Badkule	3.84	0.23	4.394	1.85
15	*Schima wallichi*	Chilaune	2.47	0.39	4.395	1.817
16	*Adina cardiflora*	Carma	2.19	0.606	4.395	1.99
17	*Albizia spp*	Siris	2.197	0.544	4.395	1.929
18	*Bombax ceiba*	Simal	1.92	0.28	2.19	1.09
19	*Embica officianalis*	Amala	1.64	0.21	4.39	1.51
20	*Terminalia bellerica*	Barro	1.37	0.15	2.19	0.88
21	*Carnus oblonga*	Lati Kath	1.37	0.278	3.296	1.277
22	*Albizia lucida*	Padke	1.373	0.345	2.197	1.07
23	*Garuga pinnata*	Dabdabe	1.098	0.305	3.296	1.264
24	*Spondia pinnata*	Amaro	0.824	0.072	2.19	0.72
25	*Murraya koenigii*	Asare	0.826	0.055	1.098	0.44
26	*Terminalia chebula*	Harro	0.824	0.084	2.197	0.737
27	*Careya arborea*	Kumbhi	0.274	0.035	1.098	0.341
28	*Singane*	Singane	0.274	0.035	1.098	0.341
29	*Dillenia pantaguana*	Tantari	0.274	0.075	1.098	0.381
30	*Magnifera indica*	Manga	0.274	0.020	1.098	0.327
31	*Myrsine semiserrata*	Kali Kath	0.274	0.067	1.098	0.373
32	*Acácia auriculus*	Aauri	0.274	0.0378	1.098	0.344

Anexo 11:

Variável	Gama	Média	valor t	valor de p
DAP médio	14.14-30.53	20.487	85.374	<2.2e-16
Altura média	13.14-19.36	16.348	120.95	<2.2e-16
Árvore nº.	37-17	28	48.2	<2.2e-16
Riqueza	0-6	3.78	28	<2.2e-16

Anexo 12: Posição geográfica das parcelas de amostragem

S.N.	Latitude	Longitude	S.N.	Latitude	Longitude
1	27° 39'2.11"N	84° 34'33.23"E	46	27° 39'51.23"N	84° 35'13.21"E
2	27° 39'8.28"N	84° 34'41.6"E	47	27° 39'52.07"N	84° 35'2.27"E
3	27° 39'9.80"N	84° 34'25.40"E	48	27^0 39'52.50"N	84^0 34'49.80"E
4	27° 39'13.99"N	84° 34'15.95"E	49	27^0 40'3.43"N	84^0 34'43.51"E
5	27° 39'21.49"N	84° 34'10.26"E	50	27^0 40'4.28"N	84^0 34'55.03"E
6	27° 39'15.16"N	84° 34'20.22"E	51	27^0 40'1.96"N	84^0 35'9.75"E
7	27° 39'15.63"N	84° 34'32.74"E	52	27^0 40'8.54"N	84^0 35'8.96"E
8	27° 39'15.93"N	84° 34'45.78"E	53	27^0 40'17.41"N	84^0 34'58.85"E
9	27° 39'21.55"N	84° 34'49.77"E	54	27^0 40'17.62"N	84^0 34'48.48"E
10	27° 39'21.19"N	84° 34'39.57"E	55	27^0 40'26.62"N	84^0 34'54.95"E
11	27° 39'20.52"N	84° 39'26.92"E	56	27^0 40'1.30"N	84^0 34'33.12"E
12	27° 39'20.04"N	84° 34'14.67"E	57	27^0 40'8.76"N	84^0 34'28.61"E
13	27° 39'25.45"N	84° 34'33.92"E	58	27^0 40'11.86"N	84^0 34'18.11"E
14	27° 39'24.53"N	84° 34'22.23"E	59	27^0 40'15.35"N	84^0 34'7.82"E
15	27° 39'25.86"N	84° 34'9.27"E	60	27^0 40'17.38"N	84^0 35'56.49"E
16	27° 39'28.35"N	84° 33'55.18"E	61	27^0 40'13.42"N	84^0 33'50.16"E
17	27° 39'34.02"N	84° 33'54.60"E	62	27^0 40'18.32"N	84^0 33'50.16"E
18	27° 39'31.29"N	84° 34'04.22"E	63	27^0 40'24.82"N	84^0 33'45.99"E
19	27° 39'30.64"N	84° 34'16.95"E	64	27^0 40'24.53"N	84^0 34'7.35"E
20	27° 39'31.98"N	84° 34'25.94"E	65	27^0 40'19.80"N	84^0 34'18.28"E
21	27° 39'37.28"N	84° 34'19.68"E	66	27^0 40'16.51"N	84^0 34'30.96"
22	27° 39'35.14"N	84° 34'12.58"E	67	27^0 40'10.22"N	84^0 34'38.23"E
23	27° 39'24.82"N	84° 35'3.11"E	68	27^0 40'17.73"N	84^0 34'41.48"E
24	27° 39'19.55"N	84° 35'11.43"E	69	27^0 40'23.75"N	84^0 34'39.40"E
25	27^0 39'26.75"N	84° 35'10.36"E	70	27^0 40'24.40"N	84^0 34'28.14"E
26	27° 39'24.11"N	84° 35'18.11"E	71	27^0 40'26.70"N	84^0 34'15.75"E

27	27° 39'31.03"N	84° 35'22.53"E	72	27° 40'30.72"N	84° 34'3.28"E
28	27° 39'39.96"N	84° 35'14.95"E	73	27° 40'38.71"N	84° 33'47.37"E
29	27° 39'39.63"N	84° 35'25.54"E	74	27° 40'26.66"N	84° 33'43.76"E
30	27° 39'39.54"N	84° 35'17.64"E	75	27° 40'30.88"N	84° 33'54.44"E
31	27° 39'52.55"N	84° 35'32.25"E	76	27° 40'06.82"	84° 33'54.36"E
32	27° 39'50.73"N	84° 35'24.59"E	77	27° 40'10.34"N	84° 33'3.78'E
33	27° 40'3.49"N	84° 35'25.17"E	78	27° 39'58.93"N	84° 34'25.88"E
34	27° 40'1.54"N	84° 35'16.77"E	79	27° 40'0.88"N	84° 34'15.75"E
35	27° 40'15.50"N	84° 35'26.39"E	80	27° 40'2.05"N	84° 34'5.15"E
36	27° 40'15.66"N	84° 35'16.06"E	81	27° 40'0.23"N	84° 33'57.43"E
37	27° 40'28.55"N	84° 35'7.57"E	82	27° 39'53.57"N	84° 33'54.01"E
38	27° 39'27.65"N	84° 34'47.09"E	83	27° 39'51.86"N	84° 34'2.76"E
39	27° 39'37.18"N	84° 34'33.28"E	84	27° 39'52.75"N	84° 34'12.03"E
40	27° 39'35.98"N	84° 34'48.01"E	85	27° 39'52.78"N	84° 34'22.39"E
41	27° 39'32.66"N	84° 35'0.73"E	86	27° 39'44.28"N	84° 34'28.36"E
42	27° 39'41.84"N	84° 35'11.53"E	87	27° 39'44.81"N	84° 34'28.36"E
43	27° 39'42.03"N	84° 35'0.93"E	88	27° 39'43.97"N	84° 34'8.26"E
44	27° 39'44.14"N	84° 34'48.89"E	89	27° 39'43.81"N	84° 33'54.74"E
45	27° 39'46.78"N	84° 35'13.21"E	90	27° 39'35.18"N	84° 34'29.28"E

Anexo: Chapas fotográficas

Placa 1: Actividades de desenvolvimento realizadas pelo CFUC

Placa 2: Cadeira feita de bambu pelos CFUGs Placa 3: Estrada em construção

Placa 4: Inquérito por questionário

Prato 5: Discussão em grupo

Placa 6: Discussão com o CFUC para o levantamento da vegetação

Placa 7: Medição do DAP

Placa 8: Medição da altura

MIX
Papier aus verantwortungsvollen Quellen
Paper from responsible sources
FSC® C105338

Printed by Books on Demand GmbH, Norderstedt / Germany